神秘莫测的气象

天造地设

姜永育 著

河北出版传媒集团　河北少年儿童出版社

图书在版编目（CIP）数据

天造地设 / 姜永育著. — 石家庄 : 河北少年儿童
出版社，2023.2
（神秘莫测的气象）
ISBN 978-7-5595-5465-9

Ⅰ. ①天… Ⅱ. ①姜… Ⅲ. ①气象学－儿童读物
Ⅳ. ① P4-49

中国版本图书馆 CIP 数据核字（2022）第 246534 号

神秘莫测的气象

天造地设

TIANZAO-DISHE

姜永育 著

策　　划	段建军　翁永良　赵玲玲		
责任编辑	邢　薇　庞子庆	特约编辑	姚　敬
美术编辑	牛亚卓	装帧设计	杨　元

出　　版	河北出版传媒集团　河北少年儿童出版社
	（石家庄市桥西区普惠路 6 号　邮政编码：050020）
发　　行	全国新华书店
印　　刷	鸿博睿特（天津）印刷科技有限公司
开　　本	787 mm×1 092 mm　1/16
印　　张	8.25
版　　次	2023 年 2 月第 1 版
印　　次	2023 年 2 月第 1 次印刷
书　　号	ISBN 978-7-5595-5465-9
定　　价	28.00 元

序 言

翻开姜育育撰写的"神秘莫测的气象"系列丛书，眼前不由一亮。这是一套值得称赞的好书！

在津津有味的阅读中，一个个与气象有关的奇异、费解之谜，在作者的娓娓讲述下，令人时而疑惑、时而紧张、时而畅快、时而大悟，阅读者被极大地刺激着好奇心和探索揭秘的欲望，不忍释卷。

气象是大气物理状态与物理现象的统称。神秘莫测的气象，从远古时代就影响着人们的生产和生活。时至今日，千变万化的气象现象仍然充满了神秘、诡异的色彩。

这套书不但系统讲述了风、云、雨、雪、霜、露、虹、晕、闪电、雷、雾霾等气象的基础知识，而且揭开了许多与气象有关的奇异之谜。如《揭开阴阳云的奥秘》《"魔鬼雨"只在天上飘》《神秘的猎塔湖"水怪"》《晴空霹雳》《大海"沸腾"之谜》《神秘的飞碟云》《罕见的"六月雪"》等篇章，作者在写作中讲故事、引传说，再用科学理论逐一解释相关现象，既满足了人们的探秘渴求，又最大限度地传播了气象科学知识，十分适合广大小读者阅读。

纵观这套书，有四个鲜明的特点：

第一，书中蕴含的科学知识非常丰富，且具有很强的权威性。作者是一名有近三十年气象工作经历的资深气象研究者，先后当过气象观测员、天气预报员、气象新闻记者、气象科普管理者，其气象理论和实践知识过硬，且在业内享有很高的声誉。

第二，写作手法别具一格，将气象知识普及和探索揭秘相结合，引人入胜。作者长期写悬疑推理小说，他把此写作手法也运用到了这套书的撰写中，开篇设置悬念，然后像层层剥开春笋一般，慢慢揭开谜底，令人拍案叫绝。

比如《千年古井"呼风唤雨"》一文中，开篇描写千年古井"常年被石板盖着，'板揭即雨，板盖雨停'，人们为了免遭雨淋，不敢轻易揭开井盖"，然后写早期的县志记载和村民们的遭遇，接下来是关于古井的神话传说和一些猜测，最后是气象学家的科学解释，逐步揭开谜团。整篇文章可以说是一部微型悬疑推理小说，情节生动，环环相扣，给人阅读的乐趣和快感。

第三，防灾避险知识丰富，具有很强的教育意义。在如今全球气候变暖的大背景下，暴雨洪涝、高温、大风、雷电、雾霾、寒潮等气象灾害越来越频繁，这套书的出版可以说非常及时。书中包含了丰富的防灾避险知识，有些还是作者亲历灾害现场调查采访之后，归纳、总结出来的实践经验。作者曾到川西高山地区采访过频繁遭受雷灾的村子，也参与过暴雨洪涝、低温雨雪冰冻、高温干旱、大风、冰雹等气象灾害现场的调查，他掌握的第一手现场资料和相关防灾知识，对人们提高防灾避险能力大有裨益。

第四，文笔优美，雅俗共赏。这套书用通俗易懂的语言，解释深奥的科学知识，不妄加推断，有理有据，并配有大量生动形象的图片，直观展示各种气象现象。此外，书中引用了大量神话传说故事，表达了善良人们的美好愿望。可以说，这是一套有血、有肉、有骨、有情的科普图书。

姜永育从 20 世纪 90 年代开始科普写作至今快三十年了。我相信，这套凝聚了他从事科普创作数十年的心血之作必将受到广大读者的喜爱！在此，我祝愿他在科普创作的路上取得更多的成绩！

董仁威

知名科普作家，四川省科普作家协会名誉理事长

目 录

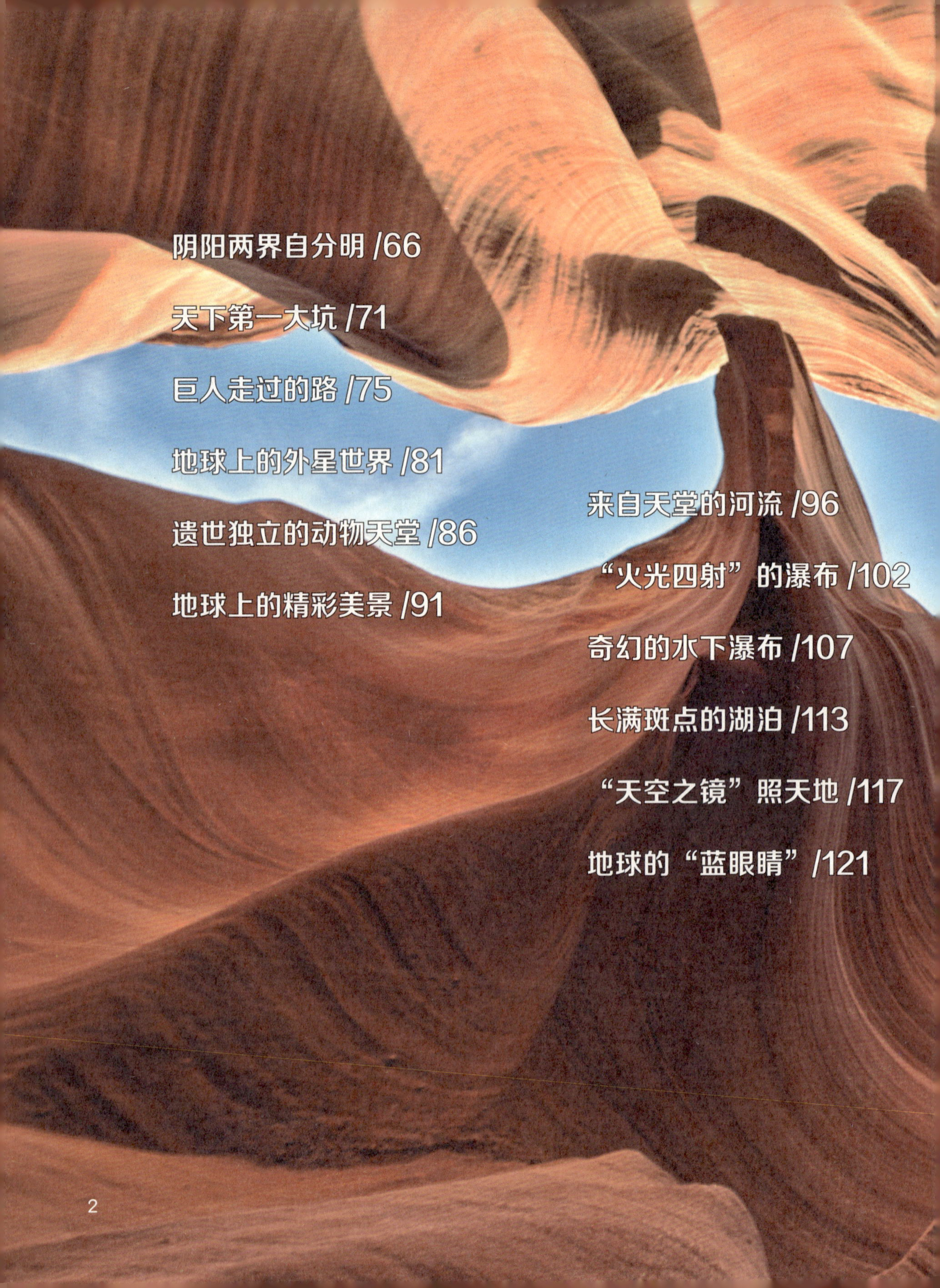

天造地设火焰山

地形地貌与气象有关系吗？

当然有关系。因为自然界的光照、气温、降水、风力等气象因素，每时每刻都在影响着地球上的山山水水。在天气与气候因素精心"雕琢"下，一个个美妙绝伦的景观横空出世，并呈现在我们面前。

下面，我们先去看看一个不可思议的景观——火焰山。

火焰山

温度奇高的火焰山

《西游记》里，有一则唐僧师徒赴西天取经途中在火焰山遇阻的故事。小说里，当地的老者告诉唐僧："那山离此有六十里远，正是去往西方的必由之路，却有八百里火焰，四周寸草不生。若过得山，就算是铜脑盖、铁身躯，也要化成汁哩。"后来，孙悟空千辛万苦借来芭蕉扇，扇灭了火焰，师徒四人才得以过山。

《西游记》里描写的火焰山是真实存在的，它就是位于新疆吐鲁番盆地中北部的火焰山，古书中称其为赤石山，维吾尔语称其为吐斯塔格，意思是红山。

火焰山龟裂的土地

火焰山的山体主要由红色砂岩构成，漫山遍野一片赤红，寸草不生，地面上红沙漫漫，尘灰飞扬，附近常年高温形成的龟裂土地令人触目惊心。

2

盛夏季节，在烈日的照射下，火焰山一带的地面上热气腾腾，焰云笼罩。赤褐色的山体反射着灼热的阳光，砂岩熠熠闪光，红艳如火。整座火焰山形如飞腾的火龙，十分壮观。

一片赤红的火焰山

火焰山虽无《西游记》中描述的那般火热，但其气温之高却也绝非寻常。众所周知，吐鲁番盆地夏季的气温已经非常高了，但火焰山更胜一筹，它算得上是我国最热的地方。

据气象观测资料统计，夏季火焰山的最高气温可达 47.8 ℃，地表温度往往超过 70 ℃。这么高的温度能很快将一个埋在沙窝里的鸡蛋烤熟。

不过，火焰山的高温来得快，去得也快。太阳落山后，就如熊熊燃烧的火炉一下子熄灭了一样，火焰山的气温随之剧烈下降。当地流传着这样的民谣："早穿皮袄午穿纱，守着火炉吃西瓜。"这句谚语很形象地道出了火焰山一带独特的气候特点。

关于火焰山的神话传说

火焰山是如何形成的呢？那里为何如此炎热呢？

《西游记》里讲道，当年孙悟空大闹天宫时，被二郎神捉住，但任凭刀砍雷劈，孙悟空都毫发无损。后来太上老君把孙悟空投入八卦炉中煅烧，希望用炉中真火把他烧成灰末。岂料几十天后，孙悟空不但没有被烧死，反而炼就了一双火眼金睛。他从炉中冲出来后，一脚踢翻了太上老君的八卦炉，还一路打上灵霄宝殿，将整个天宫再次闹得天翻地覆。

孙悟空大闹天宫不打紧，人间却因他的一番折腾遭了殃——八卦炉被打翻后，炉中炭火落入了人间，在崇山峻岭间熊熊燃烧，造就了举世闻名的火焰山。

传说当然不足信，那么，火焰山形成的真正原因是什么呢？

天时地利造就火焰山

其实，火焰山的形成经历了漫长的地质岁月。它跨越了侏罗纪、白垩纪和第三纪等几个地质年代，在经过了上亿年的风蚀、沙化、雨浸，特别是历经长期的高温干旱后，形成了今天的地貌格局。

火焰山之所以异常酷热，与其所处的地理环境和气候条件密不可分。

首先，火焰山所处的吐鲁番盆地是中国海拔最低的地区，盆地中有的地方海拔甚至低于海平面，四周高山环绕，高大的山体阻挡了气流的进出，造成当地空气流通不畅，特别是火焰山一带经常处于无风或风力微弱状态，因而热量无法散失。

其次，吐鲁番盆地是典型的大陆性气候，干燥少雨，晴天多，太阳照射时间长，再加上地面植被稀疏，且地层表面多为易吸热的砂石层。因而，该地区在太阳的炽烈照射下，升温很快，温度明显高于其他地区。同时，火焰山的山体通红，更给人心理上增加了一种炙热的感觉。

虽然火焰山高温干燥，寸草不生，但在这"燃烧"山体的地底下，却有着丰富的地下水资源。原来，在离火焰山较远的地方，有一座座冰雪覆盖的大山，雪山上的冰雪融化后渗入地下，并顺着戈壁砾石一路流淌。当这些地下水流到火焰山地底下时，遭遇了火焰山的阻挡，又因为构成火焰山的山体十分致密，不易被水渗透，于是地下水在这里被囤积了起来。

随着水位逐渐抬升，地下水慢慢溢出地面，在山体北缘形成了一个潜水溢出带。清凉甘甜的地下水流出地面，滋润了鄯善镇、连木沁镇等数片绿洲，特别是距火焰山不远的葡萄沟，那里更是景色秀丽，铺绿叠翠，葡萄园漫山遍谷，溪流、渠水、泉滴给沟谷增添了无限诗情画意。

火焰山下的景象

罕见奇特的巧克力山

　　巧克力是生活中常见的食品，它的美味让人垂涎欲滴。下面，告诉你一个铺满"巧克力"的地方。

　　这个地方位于菲律宾的米沙鄢群岛，不过，在这里你见到的并不是真正的巧克力，而是一座座像巧克力一样的小山丘。虽然不能一饱口福，却能大饱眼福。

像巧克力一样的小山丘

摄影师的发现

有一个叫汤森的欧洲摄影师到菲律宾旅游。他转悠了几天后，拍下了上千张照片，菲律宾有名的景点一一被他纳入了镜头中。不过，他仍然觉得没有拍到独特的照片。

一天，汤森听说有一个地方很美，而且景色十分独特，于是他找了一个当地人做向导，乘坐小船，很快来到了米沙鄢群岛的保和岛。一上岛，一座座圆锥形的小山丘便出现在他眼前，它们有高有低，高的大约120米，矮的只有40米左右。这些小山丘密密麻麻，一座紧挨一座，几乎占据了整个岛屿。

"真是太奇特了，它们不会是岛上的人修的坟墓吧？"汤森疑惑地在小山丘之间转来转去。

"当然不是，岛上的居民很少，根本不可能修建这么大、这么多的坟墓。这些山丘很早以前就有了，它们是自然形成的。"向导说。

两人爬到附近一座稍高的山上，居高临下，山丘群的全貌呈现在他们面前：这些顶部或圆或尖的小山丘井然有序地排列在大地上，它们全身披满了褐色的干草，看上去仿佛一块块人们熟知的某种食品。

"巧克力！"汤森脱口而出。这些山丘的形状和颜色确实很像巧克力。他拿起相机，一口气拍了上百张照片。

后来，又有不少人来到保和岛参观。经过仔细勘察，人们发现这里的圆锥形小山丘共有 1 268 座，它们犹如一个个大号巧克力，又好似一个个超级大馒头堆放在小岛上。

巧克力山的传说

巧克力山是如何形成的呢？对此，当地流传的一种说法是巨人打架造成的。

传说在远古时候，保和岛上生活着两个巨人。有一天，为了争夺地盘，两个巨人大打出手，打得昏天黑地，不可开交。他们用脚踢，用拳头打，后来觉得不过瘾，干脆捞起海里的石头互扔。一块、两块、三块……直到小岛上满是巨人打架时散落的石头。最后，两个大块头都筋疲力尽了。他们谁也没赢，双双离开了这个小岛。

闹事的主儿走了，却留下一堆石头无人收拾。这些石头便成了我们现在所看到的这一座座巧克力山。

关于巧克力山形成的真正原因，科学家给出了很多假说。有人认为是海底火山爆发后，大量岩石碎屑四散喷射，而后被石灰石覆盖，后来海床抬升露出海面，于是形成了这些巧克力山。也有人认为巧克力山是数千年的雨水对地上的贝壳、珊瑚岩层以及不透水黏土层冲刷的产物。还有人认为是石灰岩在海风及雨水的长期侵蚀下风化形成的。但巧克力山真正的成因，至今仍是一个谜。

巧克力山不长树只长草

如果你来到米沙鄢群岛的保和岛，会看到一个个圆锥状的山丘，丘顶只有茅草生长。这种草在雨季来临时，长得十分茂盛，它们覆盖在丘顶，使山丘有的像戴着圆圆的"绒帽"，有的像顶着圆锥形的"高帽"。旱季时，降雨较少，在炎炎烈日照射下，茅草逐渐干枯，颜色也由绿色变成褐色，使得一个个山丘完全成了"巧克力"。

在众多巧克力山上，却很难发现一棵树的踪影。这是为什么呢？难

巧克力山上不长树

道这个小岛不适宜树的生长？

　　当然不是了。保和岛地处亚热带，邻近海洋，空气十分湿润，每年雨季，岛上都会降下丰沛的雨水，植物在这里都生长得十分茂盛。环视巧克力山，会发现这些山丘底部周围生长着郁郁葱葱的树木，它们

山丘底部四周长满了树木

与巧克力山顶部只长草不长树形成了鲜明的对比。这到底是怎么回事呢？

　　专家经过考察，发现有两方面的原因：

　　第一，土壤因素。这些巧克力山均由石灰岩构成，其顶部表面只有一层薄薄的浮土，浮土下是坚硬的石灰岩，植物的根系很难破坏岩石表面并深入它的内部。这种土壤条件只适合茅草的生长，对于树来说，由于它们的根系很难深入坚硬的岩石中，因此不易在山丘顶部生长。

　　第二，气候因素。保和岛上气候分为雨季和旱季，雨季降雨集中，雨量较大，而旱季降雨较少，这对石灰岩丘顶上的树来说，很难熬过旱季的干渴期。此外，当地常年海风劲吹，风力有时甚至能达到大风标准，树容易被大风吹折，只有茅草适合在丘顶"安家落户"，而正是这些茅草干枯时呈现的大面积褐色，使山丘看上去像一个个巨大的巧克力。

令人叹为观止的彩色山

山是什么颜色的？估计你会回答：青色。没错，我们说到山常说青山巍巍、青山绿水等词汇。不过，大自然中一些山的颜色远远超出了我们的想象，这其中便包括丹霞山。

丹霞山，顾名思义就是红色的山。中国欣赏丹霞山的地方有多处，下面向你推荐一处丹霞山的代表——甘肃张掖丹霞地貌群。

张掖丹霞地貌群

彩色山中游一遭

张掖丹霞地貌群坐落于甘肃河西走廊中段，面积约 510 平方千米。来到这里，你一定会被眼前奇特美丽的景象震惊——高大陡峭的山体奇峰突起，峻岭横生，像波浪一样层层起伏；群山红艳，整个大地通红一片，仿佛着了火一般，又似乎被巨大的彩笔涂抹过，令人十分震撼。

这里的山峰大多由悬崖峭壁构成，许多崖壁高达几百米，它们或拔起于平川之中，或直立于河岸之上，或矗身于高地之巅。崖壁大多直立，似刀削斧劈直插蓝天。行走其间，只见赤壁千仞，峰回路转，一步一景。

像波浪一样起伏的山峰

环望四周，山体雄奇诡险，千怪万状，此时此刻，你的脑中一定会情不自禁地浮出"绝壁当千仞，危崖一线开"等诗句来。

除了险峻，这里的山石也十分奇特，它们有的像绚丽的彩霞，有的

13

像金色的麦垛，有的像林立的彩塔，有的像巨大的彩屏……每当晨雾弥漫或云海氤氲时，这些奇峰怪石若隐若现，缥缥缈缈，仿若海市蜃楼，又似仙山琼阁，观之心笙摇动，飘飘欲仙。

当然了，丹霞山最大的特点，还是那一身艳丽的"彩衣"。远远看去，山峰通体艳红，似染红霞。走近了看，你会发现它们的身上色彩斑斓。在大自然这个丹青高手的随意涂抹下，山石被绘成了黛青色、丹红色、暗褐色……它们色泽鲜艳，层次分明，在蓝天白云映衬下，仿佛一幅幅精美的水彩画。一天之中，这些"水彩画"会呈现出不同的景观。早上阳光普照，群山橘红，流光溢彩，熠熠生辉；下午骄阳朗照，山石通红，如熊熊燃烧的火焰山；傍晚夕阳晕染，山峰红艳，好似绚丽的彩霞铺在山间，与天上的晚霞争奇斗艳，看上去美不胜收。

五彩斑斓的丹霞山，令人不得不赞叹大自然的鬼斧神工。一日之中，一年四季，无论晴雨早晚，都有不同的景色供游人观赏。

丹霞山的传说

那么，张掖丹霞山是怎么形成的呢？传说，这些红色的群山是古代戍边将士的鲜血染成的。

西汉时期，北方游牧民族匈奴屡屡南侵，他们骚扰边境，掳掠人畜，抢劫财物。为此，汉朝皇帝不惜举全国之力，与匈奴展开了一场生死大战。

双方的主战场便是今天张掖丹霞地貌群所在的地区。

汉军将士同仇敌忾，奋勇拼杀，将士们成批倒下，鲜血染红了脚下的大地，但大军始终没有后退半步。经过一番惊心动魄的激战，不可一世的匈奴骑兵终被打败，其首领不得不率领残余人马退出了汉朝边界。胜利之后，西汉王朝在这里设郡，并取名为张掖，意思是"断匈奴之臂，张汉朝之臂腋（掖）"，而被将士们鲜血染红的群山从此再不褪色，成为当地一道绚丽的风景。

丹霞山形成之谜

其实，丹霞山的形成是大自然天造地设的结果。如果仔细观察，你会发现丹霞山的岩体粗细相间，有的岩层看上去比较粗糙，而有的则比较细密，其中颗粒粗大的岩层叫砾岩，细密均匀的岩层叫砂岩，它们合起来就叫作红色沙砾岩。

据科学考察，数百万年前，张掖丹霞山所处的位置曾是一片辽阔的湖泊，后来造山运动导致地壳抬升，再加上气候变化，湖水蒸发，使这里变成了内陆盆地，一层又一层红色的岩屑在其间沉积下来。再后来，地壳继续抬升，盆地变成了高地，当红色岩层边缘完全暴露出来后，自然界的"雕琢大师"——风和雨便大显身手了。

在大风、降雨和地面的流水共同侵蚀作用下，原来完整的岩层被"雕

丹霞山经历了沧海桑田的变化

琢"得高低不平，质地较软的地方不断崩塌和被流水带走，质地较硬的部分则保留下来，天长日久，一座座险峻奇特的红色山峰便形成了。

至于山体除了红色主色调外，为何还夹杂其他的颜色，乃是因为岩层中还含有其他矿物质，它们在风化和流水侵蚀下暴露出来，与红色沙砾岩一起，形成了这片不可思议的彩色地貌。

跑到大漠去"冲浪"

    沙漠里能"冲浪"吗？

    在澳大利亚的一处沙漠里，确实有"巨浪"出现，不少人千里迢迢赶到那里，就为了体验一下"冲浪"的感觉。

沙漠里出现的"巨浪"

不可思议的沙漠"巨浪"

这个奇妙的地方位于澳大利亚西部的海登城附近。

海登城是一个不大不小的城镇，这里有明显的气候分界——海登城以东的气候相对湿润，可以种植稻谷等庄稼，而它以西的气候却异常干燥。

从海登城出发向西走，一路上，目光所及不是岩石就是沙粒，仅有一些耐旱的植物挺立在路边。这里的岩石"长相"奇特，大小各异，既有体形庞大，像楼房般矗立的巨石；也有瘦骨嶙峋，小如拳头的卵石，但它们有一个共同点，就是都被风吹得十分光滑。

海登城附近的石头

这里的石头颜色也有些独特，平时我们常见的石头不是黑色就是灰白色，而这里的石头却"偏爱"红色——有的石头呈鲜红色，有的呈紫红色，有的呈棕红色。这

些石头的表面光滑，在太阳光的照射下，由于反射光线而看起来闪闪发光，令人惊艳。

在一片红色之中继续向前，走着走着，一幕不可思议的景象映入眼帘。前面似乎出现了一排巨浪，它好像正以雷霆万钧之势涌来。但是，既看不到一滴水，也听不到海浪咆哮的声音。越向"巨浪"靠近，它显得越高大，有种好似要把人吞噬的感觉。不过仔细观察后就会发现，"巨浪"是静止不动的，原来它是一座巨大无比的石壁。

这座石壁就是沙漠"巨浪"，它是倒立着的巨型怪石，因为形状像极了海里的巨浪，所以人们给它取名为波浪岩。

波浪岩下"冲冲浪"

波浪岩由一块完整的岩石构成，它的大部分"身躯"埋在地底下，露出地面的部分仅仅占地几公顷，这部分岩石高约 15 米，长约 110 米。

置身波浪岩下，会不得不感叹大自然的鬼斧神工。巨大的岩顶前倾并凌空突出，而岩体中部则向内凹了进去，使得整个岩体极像席卷而来的一排巨浪。

更神奇的是岩体的颜色和条纹——一条条黑色、红色、灰色、黄色等多种颜色混杂的条纹布满石壁，岩体上面的条纹颜色较深，越往下条纹的颜色越浅，使岩体看上去与海中巨浪别无二致。仔细端详眼前这座

石壁，仿佛是站在大海边，看一道巨浪席卷过来，那种磅礴的气势十分震撼。

现在你应该知道沙漠冲浪是怎么回事了吧？站在波浪岩岩壁内凹的地方，半蹲下身子，张开双臂，两眼平视前方——从远处看，真的像是在波峰浪谷间腾挪冲刺一般。其实在这里的"冲浪"，只是摆摆姿势而已，不能真正地"冲"起来。

除了感受"冲浪"，摄影爱好者在这里还会大呼过瘾。因为波浪岩上的那些条纹颜色会随着阳光的照射而发生显著的变化。比如，早晨的阳光较弱，岩体条纹主要以黑色为主，这时波浪岩就像一堵黑乎乎的城墙；午后的阳光炽烈，石壁上的红色、黄色、紫色等尽情绽放，"巨浪"瞬间变得栩栩如生；傍晚，一抹金黄色的夕阳余晖洒在岩壁顶上，"浪尖"金光闪闪，煞是好看。

为了一睹波浪岩奇特壮观的景象，每年都有大批游客慕名而来，大家在波浪岩下摆出各种冲浪的姿势，乐此不疲地享受这别具一格的大自然馈赠。

沙漠"巨浪"的成因

那么，波浪岩是如何形成的呢？

据科学考察，海登城所在的澳大利亚西部高原底部全是花岗岩，这

些岩石的"年龄"超过 20 亿年。而波浪岩在那时是一块深埋于地下的大岩石，只有一小部分露出地面。它之所以被"抬"出地面并被雕琢成巨浪的形状，三个"雕刻大师"功不可没。

第一个"雕刻大师"是阳光。白天，在炙热的阳光照射下，花岗岩露出地面的表层部分温度迅速升高，并缓慢地向内部传递热量。由于花岗岩实在太大了，所以当热量传到内部，岩石开始受热膨胀时，黑夜已经降临，岩石表层因降温而出现收缩现象。岩石的内部要膨胀，外部要收缩，内外开始"掐架"，天长日久，"打不赢"的表层被剥蚀掉，于是花岗岩平直的"浪顶"便形成了。

第二个"雕刻大师"是水。天上的雨降下来后，在地面流动的过程中，溶解了许多矿物质，这些含有各种矿物质的水，沿着花岗岩与地面间的缝隙慢慢渗进去。溶有矿物质的水与岩石发生反应后，将岩石的中部慢慢侵蚀并使之松化，"巨浪"的雏形开始慢慢显现。

第三个"雕刻大师"是风。由于洪水暴发等原因，岩石周围的土壤被冲刷掉，被侵蚀的岩石中部逐渐露出地面。这时，强劲的风登场了，它挟带着沙粒和尘土，一刻不停地"精雕细刻"，将岩石松化的中部慢慢"挖"去，只留下了蜷曲状的顶部。至此，壮观的"巨浪"形成了。

波浪岩的岩体表面上的那些彩色条纹，则是拜天上的雨水所赐。雨水先是落到岩体顶面，然后冲刷下来，与岩石发生化学作用。不同的化学反应"冲刷"出的条纹颜色各不相同，因而条纹呈现出黑色、灰色、红色、咖啡色和土黄色等。这些深浅不同的线条使波浪岩看起来更加生动，就像滚滚而来的海浪。

风雨侵蚀形成的奇迹

撒哈拉沙漠的"眼睛"

　　非洲的撒哈拉沙漠是世界上最大的沙漠。在这片荒无人烟的广袤荒漠里，隐藏着许多人类未知的秘密。其中，被称为撒哈拉沙漠的"眼睛"的一处圆形地貌，更是充满了神秘和诡异的色彩。

　　这处圆形地貌是如何形成的呢？它为什么被称为撒哈拉沙漠的"眼睛"呢？

撒哈拉之眼

意外的发现

撒哈拉沙漠位于非洲大陆的北部，是世界上面积最大的沙漠，约占非洲总面积的 32%。广阔无垠的撒哈拉沙漠，至今仍有很多地方都无人涉足，也隐藏着许多不为人知的秘密。

20 世纪 60 年代初，美国的宇宙飞船在太空遨游，当飞船经过非洲上空时，宇航员在远离地球几百千米的太空，观察到了一个奇怪的现象：在撒哈拉沙漠的西南部，出现了一个奇怪的圆形区域，它像一只睁得圆溜溜的眼睛，正凝视着太空中的人们。

这只"眼睛"就是被人们称为"撒哈拉之眼"的奇异地貌。其实，很早以前，它就已经出现在撒哈拉沙漠，在荒凉、枯寂的沙漠里沉睡了若干年。如果不是宇航员在太空中将它"唤醒"，它可能还会一直沉睡下去。

神秘的撒哈拉之眼

撒哈拉之眼位于撒哈拉沙漠西南部的毛里塔尼亚境内。这是一个出现在沙漠地面上的巨大同心圆，直径约为 50 千米，海拔 400 米左右。当然，若置身其中，你根本就不知道它是圆的还是方的。只有在太空中的

宇航员，或者天上的人造卫星才能一览它的全貌。

从卫星拍摄的照片来看，这个巨大的"同心圆"实在太像一只眼睛了。撒哈拉之眼一共分为三层，最中心的一圈很像一只眼珠，其一侧边缘稍有缺口，但并不妨碍它的美观。"眼珠"的外围有一个更大一些的圆圈，它把中心的圆圈紧紧包围起来，无可争议地成了"眼瞳"。最外围一层的大圈，当然就是"眼睑"了，更令人叫绝的是，这个大圈的外沿还有丝丝缕缕的环状物，看上去就像眼睑上下的睫毛一般。

撒哈拉之眼的内部十分平坦，四周则是一些浅山丘，再远处，便是漫漫黄沙了。站在"眼睛"边上观察，撒哈拉之眼犹如山岩雕琢而成的大木盆，又仿佛是一个巨大的碟子。人走在边上，宛如一只在巨大的蓝色圆盘上行走的小蚂蚁。

撒哈拉之眼的成因

那么，撒哈拉之眼这种奇特的地貌是怎么形成的呢？

有人说是外星人造访地球时留下的痕迹，也有人认为是陨石撞击地表时形成的陨石坑。后来，科学家通过实地勘探，为我们揭开了"巨眼"形成的秘密。

撒哈拉之眼是地形抬升与侵蚀作用同时进行形成的地貌，这只"巨眼"所在的地方是一块完整的沉积岩。

在撒哈拉沙漠的漫漫黄沙之下，是坚硬的岩石层。数十万年前，由于地质运动，沙漠下的岩石被抬升，从沙土中脱颖而出。岩石层露出地面后，经受着风吹、日晒、雨淋的侵蚀，逐渐形成了一个巨大的凹地。由于岩石层的质地不一致，有的部分十分坚硬，有的部分相对较松软。在相同的自然条件下，坚硬的岩石侵蚀程度较低，特别是一些硬度较高、不易受到侵蚀的古生代石英岩基本保持了原貌，巧合的是，这些石英岩恰好组成了三个同心圆，于是这个奇特的地貌——撒哈拉之眼便出现了。

撒哈拉之眼是岩石被侵蚀后形成的

顶天立地的大石头

你知道世界上最大的石头在哪里吗？它有多大呢？

这块大石头位于澳大利亚，它的体积巨大，长约 3 千米，宽达 2 千米，高约 350 米，绕其一圈大概 10 千米。

站在这块巨石下面，面前仿佛耸立着一座山丘，令人惊叹不已。

巨大的岩石

顶天立地的巨石

　　这块巨大的石头位于澳大利亚的乌鲁鲁—卡塔丘塔国家公园内，人们叫它乌鲁鲁巨石，也有人称其为艾尔斯巨岩。

　　乌鲁鲁—卡塔丘塔国家公园大面积是炎热干旱的荒漠，在茫茫荒原之上却突兀地出现了一座赭红色的山体，远远望去，它仿若一个硕大无比的巨人横躺在地上，令周围的一切都显得非常渺小。

　　这座赭红色的山体就是乌鲁鲁巨石了。距离越近，巨石给人的惊喜越大。当你完全站在"山脚"下时，就会被它雄峻的气势所征服。

巨石似巨人横躺在地上

这块巨石"身体"向两翼展开，体形之大、气势之宏伟令人瞠目结舌，而这仅仅是冰山一角，它更大的部分隐藏在地表之下。这露出地面的一小部分，就已经是世界上最大的石头了，你可以想象整个乌鲁鲁巨石的"身躯"该有多庞大！

巨石会"换装"

乌鲁鲁巨石是世界上最大的独体岩石，它的表面色泽很丰富，还很会"换装"。

在一天中的不同时间段，乌鲁鲁巨石的颜色都会发生变化。清晨，太阳从地平线升起，阳光照射在荒原上，巨石瞬间神采奕奕，像穿上了一件浅红色的靓丽外衣，风姿绰约地呈现在人们面前。中午，阳光直射，烈日炙烤下，巨石身上的浅红色慢慢变成赭红色，看上去红艳如火，仿佛荒原上燃烧的火焰山一般。傍晚日落时分，巨石迎来了最美的时刻，此时晚霞笼罩在岩体和周围的红土地上，巨石的颜色从赭红色变成橙红色，如一团火在天边燃烧，令人沉醉。太阳落山后，夜幕随之降临，巨石的"身躯"也跟着变成暗红色，并最终消失在夜色里。

晴天时的乌鲁鲁巨石美轮美奂，在阴雨天气里，它又会换上另一种"装扮"。由于巨石各个部分接收的雨量不同，因而呈现出不同的颜色，有的部分呈暗红色，有的部分呈赭红色，有的部分呈粉红色……这些色

巨石会"换装"

彩组合在一起，使巨石看起来像一座线条分明的城堡。

乌鲁鲁巨石为什么会"换装"呢？

原来，这是由它表面的"皮肤"决定的。乌鲁鲁巨石主要由纹理粗糙的长石砂岩构成，经过漫长的岁月洗礼，在风吹日晒和雨水的作用下，岩石中的含铁矿物质被逐渐风化，形成了现在的红色表层。这种"红皮肤"在不同强度的日照和天气条件下，会散发出不一样的、令人难以置信的绚丽光泽。

清泉石上流

乌鲁鲁巨石所在的地区气候比较干燥，但不可思议的是，乌鲁鲁巨石上空有时却会降下滂沱大雨。

当一场酣畅淋漓的降雨过后，生物全都恢复了勃勃生机，而乌鲁鲁巨石更是显得生动无比。雨水汇集成一条条溪流，在巨石上肆意流淌，远远看去，仿若无数条银蛇缠绕其间。这些"银蛇"有大有小，有粗有细，有的飞泻直下，有的若隐若现，有的相互缠绕，有的特立独行……走近观察，只见水流纯白如银，与红色的岩体形成强烈的反差，令人有一种仿佛置身地外星球的感觉。

不过，这种"清泉石上流"的现象并不多见，因为这里降雨的次数屈指可数，只有雨季到来时，才有可能一睹乌鲁鲁巨石上瀑布的风采。

乌鲁鲁巨石下的积水

31

巨石形成之谜

　　根据地质考察，乌鲁鲁巨石已经在澳大利亚的这片荒漠地带屹立了数亿年。那么，这块巨石是如何形成的呢？

　　有地质学家认为，这块巨石"诞生"于大约 6 亿年前，当时巨石所在的阿玛迪斯盆地在地壳运动的作用下，盆地被向上推挤，就像用手用力捏橡皮泥一样，硬生生地"捏"出了一块巨石。之后，又经历了亿万年的岁月洗礼，巨石周围的砂岩都风化瓦解了，但巨石凭着特有的硬度抵抗住了风剥雨蚀，完整地保存下来，成为现在我们看到的庞然大物。

奇美的石柱森林

石柱形成的"森林"，你见过吗？

在土耳其的卡帕多西亚，那里山峦起伏，沟壑纵横，有一片石柱森林漫山遍野，一眼望不到头，景色奇特而又美丽。

石柱森林

高原上的"森林"

从土耳其伊斯坦布尔出发，汽车向东行驶，随着地势逐渐增高，安那托利亚高原便呈现在面前。

卡帕多西亚石柱森林就坐落在这片高原上。伫立山巅，眼前大片的石柱令人赏心悦目。可无论走到哪里，都是一望无尽的石林，可谓千石嶙峋，万岩峥嵘。石柱形态万千，各具风姿，它们有的像巨型蘑菇，有的像尖尖竹笋，有的像指路灯塔。石柱表面光洁明净，不同的石柱颜色也各不相同，有的呈浅红色，有的呈赭红色，有的呈棕色，有的呈灰色，有的呈土黄色，有的呈乳白色……更奇特的是，这些石柱会随着阳光和云影的变换，不断改变自己的色调。

乘坐热气球从高空俯瞰，是观赏石柱森林的最佳方式。晴朗的夏日早晨，无数色彩艳丽的热气球迎着朝霞腾空而起。坐在

乘坐热气球观赏石柱森林

热气球下的吊篮里俯瞰大地，只见朝霞映红了峡谷岩峰，石柱森林熠熠生辉，流光溢彩。飘浮在空中，仿佛漫步在太空中一般，脚下奇幻多变的地貌，让人感叹大自然的鬼斧神工。

石柱屋中走一遭

来到卡帕多西亚，你会发现当地人大都住在石屋里。他们把较大的石柱掏空，在里面铺上地板，顶上描上彩绘，四壁再凿出窗户，一座座融自然美和人工美于一体的石屋便诞生了。在一些特别高大的石柱内，从上到下的石屋多达十几层，看上去像巨大的蜂巢。

当地人居住的石屋

火山喷发和风雨的产物

卡帕多西亚石柱森林是如何形成的呢？其实，这些奇特的石柱是火山喷发和风雨共同作用的产物。

首先是火山喷发。数百万年前，卡帕多西亚地区的活火山不停喷发。火山喷发时，大量含有石灰成分的岩浆和火山灰被喷出地面，覆盖在广袤的大地上。喷发停止后，这些废石灰渣慢慢沉积下来。当天上下雨后，水流从石灰渣堆中流过，就会溶解石灰渣中的钙，从而重新堆积形成一层名为石灰华的软岩。石灰华又名孔石，它质地较软，容易破碎。石灰

风雨侵蚀形成的石柱森林

华形成不久后，火山再次喷发，若这次喷发形成的质地坚硬的玄武岩覆盖在石灰华上，就会形成一个坚固的保护层，从而减缓石灰华被侵蚀的速度。

其次是风雨的侵蚀。很久以前，卡帕多西亚的降雨量比现在多，风也比现在大，降雨和大风不停地侵蚀着这里的一切。再加上阳光的暴晒，石灰华不断地被剥蚀掉。年深月久，虽然表面有玄武岩层的保护，但大部分石灰华还是被剥蚀殆尽，只有比较坚实的部分残留下来，它们变得形状奇特，多姿多彩，形成了如今千姿百态的石柱森林。

上天布下的"刀锋阵"

　　原始广袤的土地上，排列着成千上万座尖峭突起的石峰，宛如上天布下的"刀锋阵"，森严肃立，还闪烁着金属般的蓝光。

　　这就是马达加斯加石林，它被称为世界上最壮观的岩石结构奇观，1990年被联合国教科文组织列入了《世界遗产名录》。

马达加斯加石林

尖刀般挺立的石林

马达加斯加岛位于印度洋西部，是非洲第一、世界第四大岛屿。石林坐落于马达加斯加岛青夷贝马拉哈国家公园内，这个公园是该岛最大最壮观的国家公园。

来到公园，放眼望去，只见漫山遍野全是灰白色的石灰岩峰，每一座都仿佛用刀砍切而成，陡峭笔直，嶙峋清奇，峰顶尖峭突起。石峰高度普遍在 100 米以上，看上去危崖兀立，险峻异常。

如果利用无人机从空中观察，就会发现所有的峰尖齐齐指向天空，俨然一座巨大的"刀锋阵"，"刀尖"闪着凛凛寒光，似乎随时都会刺来，看得人心惊胆战。

石林之中，还夹杂着幽暗深邃的峡谷，点缀着枝叶繁茂的树林，它们和石峰尖岩一起，像经过规划似的密集排列着，好似一个繁华的城市街区景观，壮观而又神奇。

观赏过石林的全貌后，如果去攀缘石峰，就会深刻地体会到举步维艰的感觉了。可以说，每一座石峰就是一座刀山，到处都是如刀刃一般锋利的岩石，稍不注意就会被划得皮开肉绽。踩着人工开凿出来的小道，小心翼翼地向前行进，上"刀山"的过程可谓惊心动魄。手拉绳索，屏住呼吸，脚踩在窄小的岩壁坑里，面对身前身后的排排"刀尖"，大气都不敢喘一口。

刀刃般锋利的岩石

动植物的乐园

这座庞大的公园内，不但有崎岖难行的山路、陡峭险峻的石峰，有些石峰与石峰之间，还横亘着晃晃悠悠的吊桥。人的双脚一踏上桥面，桥身立刻晃荡起来，人也随之摇摆不停，而脚下是谷深幽暗且峰尖如刀的景象。好不容易走过吊桥，爬上一座石峰，前方剑戟如林，重重叠叠。据说，由于公园面积广袤，而且十分难行，至今尚未有一支科考队完整

考察过这个地区。

由于少有人类的打扰，这里便成了野生动物的天堂。一路上，见到最多的是马达加斯加狐猴，它们长着一身雪白的毛，脸庞却黑如焦炭，上面镶嵌着两只圆溜溜的眼睛，样子十分可爱。它们身手敏捷，动作灵巧，时常像杂技演员一般在锋利的石林尖顶上凌空跳跃，看上去惊险又刺激。

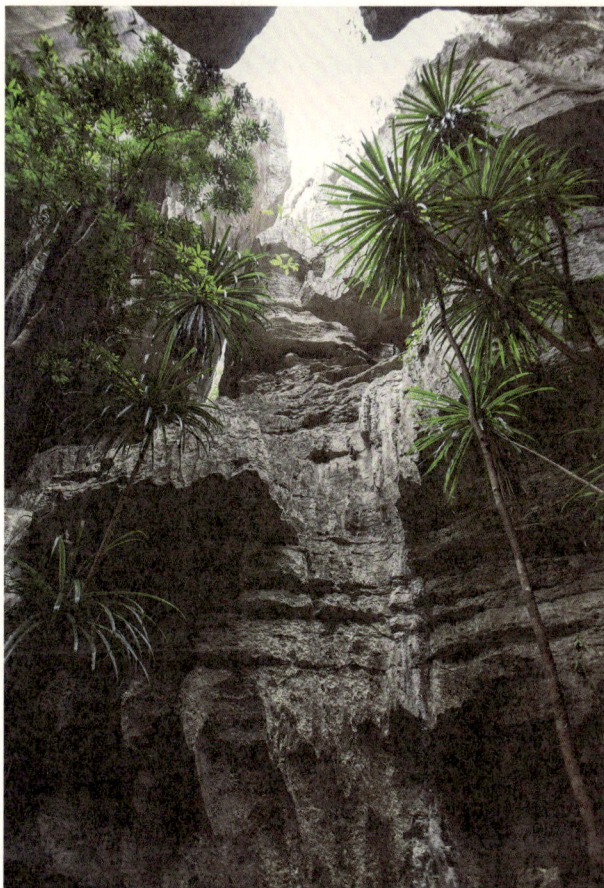

石林尖顶处土壤稀薄，异常干燥，在正午阳光的直射下，气温很快飙升，只有一些耐旱植物可以在此生存。不过，当慢慢下到峰底，穿过狭窄的沟壑和岩石裂缝，来到一处峡谷时，这里又是另一番截然不同的景色：涧水淙淙，清凉无比，四周树林茂密，野花烂漫，再加上树林中不时传出的悦耳鸟鸣，真不愧是一个鸟语花香的世界。

峡谷里是另一番天地

41

峰顶和谷底为什么会呈现两重天的景象呢？

原来，这和它们的地形及土壤密切相关。峰顶笔直陡峭，全由岩石构成，几乎没有什么土壤，雨水从天上降下来后，直接沿着山峰流走了，所以植物一般很难在此存活。谷底却是一片片凹地，雨水顺着石壁流下来后，全都汇聚到凹地储存起来，再加上谷底有大量岩石风化后形成的土壤，为植物生长提供了充足的养分，所以树木在这里长得郁郁葱葱。

据考察，整个公园内的植物种类众多，其中近一半是当地独有的物种。当然，有了树林，各种动物便络绎而来，把石林当成了天堂。

马达加斯加石林的传说

马达加斯加石林是如何形成的呢？在当地，流传着一个远古的传说。

很早很早以前，马达加斯加岛上没有人类居住，只有一个顶天立地的巨人和一大群动物在这里。巨人是岛屿的守护神，他的身躯有几百丈长，脑袋像一座小山丘，胳膊和腿粗得像石山。在他的保护下，岛上的动物悠闲自在，过着快乐的生活。

然而有一天，噩梦降临了，几位天神看中了这块宝地，他们相约来到岛上打猎，并且无视巨人的警告，不停地抛出长矛，射出神箭，大象、狮子、秃鹫等动物纷纷倒下。眼见天神们贪得无厌，巨人愤怒了，他勇敢地拿起长矛和弓箭，与天神们展开了你死我活的战斗。然而，寡不敌

众，一场大战下来，巨人战败了，他伤痕累累地倒在大地上，庞大的身躯瞬间化为了绵延数百千米的峰岭。这些峰岭尖峭突起，像一根根长矛直刺蓝天，使得天神们再也不敢贸然来岛上打猎了。在这些峰岭的保护下，动物们重新过上了无忧无虑的安宁日子。

马达加斯加石林的形成

传说归传说，马达加斯加石林到底是如何形成的呢？

其实，这片石林的形成过程漫长又复杂。据科学考察，两亿年前，石林所在的地区是一片辽阔的海洋，大量海洋动物死去后，在此沉积形成了一片巨大的石灰岩床。后来，海水慢慢退去，在火山喷发和造山运动的作用下，这片石灰岩慢慢露了出来。

石灰岩的主要成分是碳酸钙，它十分坚硬，但易与水和空气中的二氧化碳发生化学反应而被溶蚀。从海水中露出来的石灰岩受到了雨水的侵蚀和冲刷，柔软的或有裂隙的部分逐渐塌掉，坚硬的部分则保留下来，再加上风的长期打磨和雕琢，一个个尖顶逐渐形成，这就是我们现在看到的那些如尖刀一样的石峰。

在雨水侵蚀的同时，地下水也没有闲着，而且它们侵蚀的力度更大。地下水沿着岩石的裂隙不停流动，流到哪儿，就侵蚀到哪儿。在长年累月的雕刻下，岩石内部被"凿"出一条条通道，造就了横向的洞穴奇观。地下水继续侵蚀，其中一部分水沿着岩层的垂直裂隙渗透，洞顶不断地被侵蚀变薄，当洞顶轰然塌下时，深达数十米甚至一百多米的巨大峡谷便形成了。

雨水侵蚀和风化形成了石林

这些峡谷和众多尖刀一般林立的石峰，以及一些正在形成的溶洞和隧道，构成了马达加斯加石林的全部景观，许多动植物在这里找到了栖息的天堂，人们也被吸引着纷至沓来，开启了探险的征程。

稀罕的"红皮肤"

石林一般多为灰色，不过有一片石林却颠覆了人们的印象，它那红艳如火的"皮肤"，配上怪石嶙峋、奇峰兀立的外表，看上去稀罕而又美丽。

红色的石林

45

红艳如火的石林

在湖南省湘西土家族苗族自治州古丈县境内，有一片面积大约30平方千米的红石林。据考察，它是目前全球唯一在寒武纪形成的红色碳酸岩石林。

乘坐汽车从古丈县城出发，到达该县的红石林镇时，眼前出现的大片石林很快就会把你的目光牢牢吸引住——公路两边，一座座山岭形状独特，遍体通红；一块块红色山石与绿色植物混搭在一起，红绿相得益彰，景色美不胜收。

站在高处远望，只见漫山遍野的石林红艳无比，仿佛仙境一般。遍布的奇石造型各异，姿态万千，它们有的依山而立，有的拔地而起。石林古朴秀雅，气势宏伟。走进石林，只见高高的巨石上，一块石头像刺猬般趴在那里，它"长着"长长的嘴，浑身的尖刺，仰头望着天空；在一片耕地内，有两块石头就像一对正在嬉戏的乌龟，它们背上的龟纹清晰，栩栩如生；在一处较为开阔的空地上，有几块比邻而居的石峰，它们形如佛手，掌上纹理、手指关节依稀可辨……

红石林中还有峡谷、溪流和清泉，以及像织毯似的草坪等，它们与红石林一起，构成了一片秀丽精致的天然园林。

神奇石林会"变脸"

　　古丈县境内的这片红石林不但奇特美丽，而且还有一个神奇之处——石林颜色会随着天气的变化而变化。

　　晴天时来到这里，在阳光照耀下，眼前的石林一片火红，一座座山岭宛如熊熊燃烧的火焰，仿佛来到了传说中的火焰山一般。阴天时，石林的颜色变得暗淡，山岭的颜色也变成了褐红色。若雨天时来到这里，呈现在你面前的又是另一番景象，在雨水的浇灌下，整座石林变成了黑黢黢的一片，而雨过天晴，石林很快又恢复了本来的面目，此时也是石林最美的时候。当金灿灿的阳光从云层缝隙中钻出来，洒在广袤的石林上空，像变魔术一般，一座座山岭迅速由黢黑变成了紫红色。放眼望去，

神奇石林会"变脸"

整个石林颜色鲜艳，景象壮观，如一幅水彩画，再加上弥散其间的薄雾，"画面"变化多端，令人惊叹不已。

你可能会觉得奇怪，红石林为何能随天气变化而"变脸"呢？

这是由红石林的构造物质特性决定的。红石林的主要成分是碳酸盐岩石，碳酸盐岩石遇到水后，一般会发生轻微的化学反应，从而使表面颜色发生变化。晴天，空气中所含的水分不多，碳酸盐岩石与之发生的反应较轻微，因此红石林的颜色比较鲜艳；阴天和雨天，空气中的水分较多，特别是雨天，当雨水浸入石峰中时，大量的水与碳酸盐岩石发生反应，红石林的颜色便暗淡下来了。

红石林的前世今生

在红石林中行走，如果仔细观察，你会发现每一块红石头上都有细密的褶皱，仿佛珊瑚礁一般，让你不由自主地联想到海边的礁石。

没错，这些褶皱正是海浪制造的。海水掀起浪花，一波又一波地冲击岸边的礁石，天长日久，礁石便被海浪冲出了一层层褶皱。可是，红石林并不在海边，怎么会被海浪冲击呢？

原来，在大约4.8亿至4.4亿年前，红石林所在的地区是一片汪洋大海，海中生活着形形色色的生物，这些生物不断孕育新生命，同时它们的生命也会逐渐走向尽头。死去生物的骨骼与河流带来的含有大量泥沙

的碳酸盐一起沉积下来，慢慢在海底生成了石灰岩。后来，红石林所在的地区发生了大规模的地壳运动，海底上升为陆地，原本在海底的石灰岩露出了水面。在水的溶蚀下，坚硬的石灰岩逐渐变成了石芽和石柱。

不过，这些石芽和石柱还"藏在深闺人不知"——从地壳裂缝中涌出的岩浆将它们盖住了，在表面形成了厚厚的一层岩浆岩。之后，在雨水的冲刷下，岩浆岩被风化剥蚀，被埋藏的石芽、石柱得以重见天日，这就是我们如今看到的红石林。

而红石林之所以长着"红皮肤"，这是由岩石物质的差异造成的。石芽、石柱有多种多样的颜色，含泥质较多的一般呈灰色、灰绿色；含碳酸盐较多的一般呈灰白色；而含铁质较多的经氧化后颜色便变成了红色。古丈县石林的岩石因为含有大量铁质，所以呈现出了鲜艳的红色。

地壳的运动形成了石林

49

光怪陆离的峡谷

　　处处透着怪异的峡谷内，光线在或平滑或卷曲的红色岩石上穿行跳跃，周围的一切似乎都在旋转。来到这里，你仿佛进入了一个传说中的万花筒，又好似来到了一个与地球迥异的外星世界。

　　这个峡谷，就是位于美国亚利桑那州的羚羊谷。

羚羊谷

进入迷宫的牧羊女

传说某年夏季的一天，美国亚利桑那州佩吉镇附近的山坡上，一个小姑娘正放牧着羊群。

羊儿们轻轻叫唤着，不停地向远处跑去。小姑娘挥舞着鞭子跟在后面，走了一个多小时后，地面上的青草渐渐多了起来，羊儿们才停住脚步，大口大口地吃起草来。

这个地方虽然离镇子不远，但似乎从没人来过。小姑娘好奇地打量起这个陌生的地方。一座山丘上，裸露的岩石和土壤呈现出红、黄、绿色，看上去十分好看。色彩斑斓的岩石如同夹心饼干般层次分明，显得神秘而诡异。澄净的蓝天白云下，彩虹般绚烂的地面让她有一种梦幻般的感觉。

不知不觉中太阳已偏西，该赶着羊群回家了，小姑娘清点羊群数量时，发现少了几只羊。它们跑到哪里去了呢？小姑娘着急起来。她一边"咩咩"学着羊叫，一边四处寻找。

循着羊蹄印，小姑娘来到了一个狭窄的峡谷入口。她探头往里看，只见里面的红色岩石一层层卷曲起来，谷里幽深、宁静，充满了神秘气息。

小姑娘壮着胆子往里走，越往峡谷深处，卷曲的岩石越多，里面的景色越不可思议。峡谷就像一个巨大的迷宫，在五颜六色的光线衬托下，

迷宫般的羚羊谷

让人情不自禁地感到眩晕。她不敢多待，赶紧顺着原路走了出来。

这个神秘的峡谷就这样被发现了。因为它是当地一种叉角羚羊的栖息处，所以人们叫它羚羊谷。

峡谷里的光影魔术

羚羊谷名声大振后，不少游客来到这里，领略光怪陆离的峡谷风光。

羚羊谷是世界上最狭窄的岩缝型峡谷之一，分为上羚羊谷和下羚羊谷两个独立的部分。峡谷细长狭小，远远看上去，只是山岩间一条很窄很细的裂缝。进入峡谷后，你的眼睛会应接不暇。地面上是松软的红沙，

脚踏上去，像踩在柔软的红地毯上一般。两侧的岩壁相向合拢，将头顶上的天空挤成了窄窄一线。光线从岩壁的窄缝中钻进来，在峡谷里尽情地表演光影魔术。

羚羊谷最美的时刻是正午时分，此时太阳光线如探照灯般垂直射入谷中，被岩壁多次折射，由明到暗，由深到浅，峡谷里顿时色彩斑斓，层次分明，仿佛掀起了一层层光的波浪，又像是盛开了一朵朵艳丽的石花，令人仿佛置身于外星世界一般。

峡谷里的岩壁十分独特，它们扭曲翻腾，并且呈现出不同层次的红色：有的红艳如火，有的粉红如霞，有的淡红素雅……每一块岩壁表面都有清晰的条纹，而且非常平滑。光线在这些岩壁上跃动，从各个不同的角度，看到的景致都不尽相同。

在峡谷的一个开阔处，你还会看到一个奇异的景致，这就是"天堂之光"——一束太

奇异的"天堂之光"

阳光从峡谷顶端的岩缝中倾泻下来，像光柱一般，直直地照射在地面上，形成一块明显的光斑，光晕映亮了附近的地面和石壁；周围怪石嶙峋，或明或暗，看上去神秘而怪异。这束阳光和峡谷内的岩壁，形成了梦幻般的景致。

游完整个峡谷，你可能会问：这个神奇的地方是如何形成的呢？

山洪制造的奇迹

据科学家考察，羚羊谷的岩壁是一种较柔软的红色砂岩，它们在洪水的冲刷下，逐渐被侵蚀掏空。而羚羊谷地区虽然气候干旱，但在夏季，

山洪制造的奇迹

经常会降下不可思议的暴雨。有时暴雨一下，短短几十分钟内便会形成横冲直撞的山洪。洪水在吸水性很差的干硬地面上奔涌，如果地表有裂隙，湍急的水流就会携带砂石钻进去，天长日久，红色的砂岩就会被冲出一道深谷。

峡谷雏形形成之后，山洪经常冲入其中。由于深谷里十分狭窄，洪水在这里流速很快，其垂直侵蚀力相对变大，深谷的宽度和深度也在不停扩大，慢慢地便形成了今天的羚羊谷。

由于红色砂岩有软有硬，受洪水冲刷侵蚀的程度不尽相同，所以造成了峡谷内部曲折蜿蜒的地貌，而谷壁在洪水和大风的"打磨"下，变得坚硬光滑，在经过反射和折射的光线映照下变得光怪陆离、五彩斑斓。

可以说，没有山洪就很难形成这么美的峡谷。

梦幻的白色城堡

像棉花团一样梦幻美丽的城堡，你见过吗？

如果没有见过，那就一起到一个叫作棉花堡的地方去体验一番吧。

棉花堡

像棉花团一样的城堡

棉花堡位于土耳其伊兹密尔市西南部。乘车从伊兹密尔市出发，不久便进入到山区之中。汽车在蜿蜒的山路上行进，路两旁除了灌木丛和稀树林，便是大片裸露的黄土地。单调的景色令人昏昏欲睡，不过你千万不要失望，因为棉花堡就在前方。

汽车继续前行，隐约之间，视野中出现了一抹白色，仿佛白带子一样镶嵌在广阔的黄土地上，显得那么耀眼和神秘。距离越来越近，"白带子"越来越清晰，远远看去像从山顶直泻而下的冰川，又仿若一条在山间奔腾狂舞的白龙。距离更近了，"白带子"的轮廓终于完整呈现在面前，它简直就是一座由白色棉花团堆砌而成的巨大城堡啊。

这里就是被联合国教科文组织确定为世界自然与文化双重遗产的棉花堡。这座神奇的"城堡"由整个山坡构成，坡地总长 2 700 米，高 160米，造型极像城堡，因此才有棉花堡之称。

棉花堡由一个个白色平台构成，它们矗立在山丘之上，看上去那么洁白，那么美丽，如果不走近观察，会以为它们就是大朵大朵的棉花团哩。"棉花团"一层一层堆砌，从下往上看，十分壮观。棉花堡那一层一层的平台垛叠起来，像一片染白了的大梯田。层层"梯田"铺满山坡，置身其间，宛如踏上"天国之梯"，令人心旷神怡。

棉花堡梦幻而美丽

棉花堡最美丽的时刻是日落时分，当太阳的光芒一点点由金色变成红色，再逐渐变暗淡时，你会看到棉花堡也跟着幻化出难以置信的光影景观，大团的"棉花"被涂抹上各种色彩，仿佛油画大师的绝美佳作。

"棉花团"里泡个澡

棉花堡并不是一个死气沉沉的"城堡"，从山顶潺潺泻下的泉水，使得这里充满了灵动和风韵。泉水在丘岩间轻轻流淌，平台处蓄水成塘；棉朵般的石阶披着水纱，在阳光下熠熠生辉。站在高处鸟瞰，只见一汪汪泉水镶嵌在一座座白玉台上，像翡翠一般。

脱下鞋子，与泉水来个零距离亲密接触。咦，池水怎么热乎乎的？

原来，这些从山顶流下来的水不是普通泉水，而是温泉水，它们已经流淌了上千年，水温终年保持在 36 ℃～38 ℃，泉水中富含钙、镁等矿物质，对风湿病、皮肤病、消化不良及神经衰弱等有神奇疗效。

棉花堡的泉水深浅不一，有些深及腰部，有些只及脚踝。那些看起来软绵绵的"棉花"赤脚踩上去并不光滑，甚至让人感觉不舒服，不过为了保护这片自然景观，还是要遵守规定赤脚参观，就把这当成脚底按摩吧。

棉花堡形成之谜

泡在泉水中，每个人都会在心底涌起同样的疑问：美丽梦幻的棉花堡是如何形成的呢？

在这里，通常你会听到这样一个传说：很久以前，当地有一个牧羊人叫安迪密恩，白天他把羊群赶到山上放牧，夜晚则借着月光挤羊奶。天长日久，月神瑟莉妮就喜欢上了这个勤劳、善良的小伙子，两人约定在满月之夜见面。这天晚上，皓月当空，瑟莉妮如约降临人间与安迪密恩见面，而安迪密恩竟然忘了挤奶，导致羊奶恣意横流，覆盖住了整座山丘。

其实，那些洁白的平台都是石灰岩，虽然看起来像棉花团，但它们不仅不柔软，反而相当坚硬。石灰岩的主要成分是碳酸钙，这是一种"吃

阶梯状的钙化堤

软不吃硬"的物质，你用铁锤敲打，可能半天也不能把它敲开，但它一旦遇到水，就会与水及空气中的二氧化碳发生化学反应，慢慢溶解并随水流到各处。棉花堡所在的地区气候比较湿润，降水较多，大量雨水从天上降下来后，一部分汇入江河流走，一部分渗入了地下。

巧合的是，该地区的地下岩浆非常活跃，它们就像熊熊燃烧的火炉一样，把渗入地下的雨水加温变成了温泉，在加热过程中，水里溶解了大量岩石中的碳酸钙及其他矿物质。当温泉从地底涌出，顺山坡流淌而下时，泉水温度降低，溶解在水中的碳酸钙沿途沉积下来，久而久之便形成了一片片阶梯状的钙化堤。这些钙化堤层层相叠，色白如雪，有如棉花城堡——可以说，是大自然的鬼斧神工制造出了如此美妙的景观。

美不胜收的人间仙境

  这里有白雪皑皑的高山雪峰，有飞流直泻的壮观瀑布，有郁郁葱葱的大片森林，更有规模宏大、结构奇巧的缤纷彩池。

  这就是位于四川省阿坝藏族羌族自治州松潘县境内，被誉为人间仙境的黄龙风景名胜区。

黄龙风景名胜区

壮观的流泉飞瀑

黄龙风景名胜区总面积700多平方千米，以彩池、雪山、峡谷、森林"四绝"著称于世。因为主景区黄龙沟内布满乳黄色的钙华沉积，从山顶一直延伸到山脚，远望像一条黄色巨龙在雪山峡谷间蜿蜒，所以得名为黄龙。

黄龙沟是一条长约7千米的缓坡沟谷。进入景区，首先看到的是一组色彩艳丽、形状奇特的池塘——迎宾池。这些池子有大有小，有高有低，造型精巧，仿佛人工精心堆砌而成，清澈的山泉在彩色岩石上潺潺流动，给人一种说不出的美感。

沿着曲折的栈道蜿蜒而上，不一会儿，前面传来轰轰的响声，抬头

飞瀑流辉

便可见一溪碧水从密林中涌出来，在高高的岩坎上飞流直泻，形成大大小小数十道梯形瀑布，有的如水帘高高挂在眼前，有的如珍珠溅落低谷，有的似白练缠在岩间，有的似丝线缀在陡壁……

瀑布的后面是陡峭的钙华石崖，崖壁凝垂欲滴，色泽金黄，使整个瀑布显得富丽而又壮观。在夕阳余晖的晕染下，条条瀑布反射出五彩斑斓的颜色，远远望去，仿佛云霞从天而降，好一个"飞瀑流辉"！

若继续向上攀爬，很快便会到达一座位于崖壁中的石灰岩溶洞，它的上面是一道宽大的瀑布。据考察，这个溶洞是亿万年前古冰川的一个出水口，掩藏在飞流直下的水流中，洞身小巧玲珑，里面布满了千姿百态的石笋、石钟乳，看上去神秘莫测。

绝美的"人间瑶池"

再往上攀爬一会儿，只见前面的山坡呈现出艳丽的金黄色，仿佛铺了一层金沙，其间镶嵌着乳白色、灰色、暗绿色等颜色的钙华色块，坡上流淌着薄薄的一层水被，在阳光的照耀下发出闪闪金光，有如金河泻玉，银水溢流。而在栈道右边，则是由数百个水池组成的盆景池，池畔到处是木石花草，许多池中长有小而苍老的古树，花木倒映在池中，宛如一盆盆争奇斗艳的盆景，令园艺师也叹为观止。

一路攀爬，一路欣赏，就来到了景区位置最高、景色最美的地方——

　　五彩池。五彩池被誉为人间瑶池，是黄龙沟景区的精华所在。这里青山吐翠，数百个水池宛如五彩珍珠镶嵌在原始森林中。漫步池边，大小不等、形状各异的水池在阳光的照射下，闪耀着各种不同颜色的光辉，仿佛是盛满了五彩颜料的调色板。大的水池面积几百平方米，水深不过一米，小的如同菜碟，水很浅，用手指就能触到池底。池子的形状也各种各样，有的像葫芦，有的像月牙，有的像盘子，有的像莲花……更奇妙的是池水的颜色，有的呈浅蓝色，有的呈蓝绿色，有的呈海蓝色，有的呈嫩绿色，仿佛是散落在群山之中的翡翠，艳丽奇绝。

　　为什么这些水池会显现出不同的颜色呢？

　　原来，池底有许多碳酸钙凝成的石笋，它们形状各异，表面凝结着一层细腻的透明石粉，当阳光透过池水照射到池底时，这些石笋就像高低不平的折光镜，将阳光折射出各种不同的色彩，从而使池水看上

绝美的人间瑶池

去五光十色，瑰丽多姿。

地质变化形成"人间仙境"

你可能会问：黄龙的奇特地貌是如何形成的呢？

黄龙奇特的地质地貌是在漫长的地质变化中逐渐形成的。

很久以前，造山运动使这一带隆起，形成巍峨挺拔的高山和陡峭幽深的沟谷，后来地震、山体滑坡、泥石流等频繁发生，大量泥石在沟谷中层层堆积，从而形成了黄龙现在的阶梯形山势，这是黄龙地貌形成的第一步。

黄龙一带山势较高，气候寒冷，再加上水汽充沛，时常白雪飘飘，在山上形成壮观的冰川和雪峰，为钙华彩池的形成奠定了基础。

后来，由于气候变暖，黄龙沟四周高山上的冰雪开始融化，雪融水和地表水源源不断地流下来，在松散的石灰岩层下部缓缓流淌，并在流动过程中，溶解了大量碳酸钙物质，其与水和空气中的二氧化碳反应生成可溶的碳酸氢钙。饱含碳酸氢钙的泉水从石灰岩下层钻出来后，形成小溪顺流而下，由于水温升高和压力降低，水中的碳酸氢钙分解释放出二氧化碳，同时碳酸钙再度析出，积淀于植物的根茎、倒木或落地枯枝上，日积月累，形成了高低不平的坚固碳酸钙围堤，这些围堤把溪水囤积起来，于是一个个妙趣天成、形状奇绝的水池便形成了。

阴阳两界自分明

　　山巅两边，两种截然不同的景致令人叹为观止——一边晴空万里，另一边却云蒸雾罩，仿佛传说中的"阴阳界"。

　　这种奇特的"阴阳界"是如何形成的呢？我们一起到四川西部的西岭雪山去看看。

西岭雪山

因诗得名的雪山

西岭雪山位于四川省成都市大邑县境内。它之所以出名，和一位赫赫有名的大诗人密不可分。一千多年前，唐代大诗人杜甫居住在如今的成都时，每天一抬眼便看见一座白雪皑皑的大山，于是写下了千古绝句"窗含西岭千秋雪，门泊东吴万里船"。这座大山便因杜甫老先生的诗而得名为西岭雪山。

因诗得名的雪山

清晨从成都出发，一个小时后便可到达西岭雪山的山脚下。此时若天色尚早，想要看日出，可以到一个叫日月坪的地方去。日月坪海拔3 000多米，乘坐观景索道上去，一路上眼前云雾缭绕，变幻万千，感觉像是在腾云驾雾，令人情不自禁地有种飘飘欲仙之感。

置身日月坪峰顶之上，千山万壑尽纳眼底，脚下云海浩瀚，波澜壮阔，又仿若身处虚无缥缈的蓬莱仙境……

正当人陶醉在云海美景之中时，一轮红日慢慢从云涛雾浪中跃出，霎时霞光万道，云海被涂上了一层金黄色，仿佛油画大师笔下浓墨重彩的画作。

奇特的阴阳界

看过日出，继续往山顶进发，不知不觉，便来到了西岭雪山最著名的景点——阴阳界。阴阳界是西岭雪山白沙岗上的一个大垭口，单从名字便知道，这个地方有多么奇特和诡异。

阴阳界的山体由一种白色的岩石构成，虽然大部分山岩被茂密的植被遮盖了起来，但仍有一些裸露在外。

远远望去，那些白色岩石在阳光照耀下银光闪烁，十分耀眼。走近了，你会发现这是一个十分陡险的地方，山峰脊顶宽度仅两米左右，两侧的岩壁如刀削斧劈，脚下是万丈深渊，只要看上一眼，便会感觉头晕目眩，

心惊胆战。

站在山巅之上，往西看，远处峰波嶂浪，冰雪遍野，莽莽苍苍；往东看，近处山峦纵横，群峰奔涌，而远处的平原则一泻千里，无边无际。

山体东西两侧被划分为"阴阳"两个世界，而更令人奇怪的是，仅仅一山之隔，两边的天气也完全不同。山的西面艳阳高照，晴空万里，而山的东面却晦气弥空，若明若暗。在山巅上待一会儿，就会看到东边山下的万丈深渊中冒出一团团白雾，雾气飞速升腾，很快弥漫到山上来，但奇怪的是，这些雾气就像被施了魔法一般，它只在东面的山坡上弥漫，却始终不能越过山顶进入西面。有时候，东面的山坡上还会下起滂沱大雨，但西面的天空仍是晴朗高远，艳阳高照。

揭开"阴阳界"的成因

西岭雪山的"阴阳界"是怎么形成的呢？

据气象专家分析，西岭雪山之所以出现奇特的阴阳界现象，与这里高大的山体和山形的排列走向密切相关。

高大的山体使东面四川盆地内的暖湿气流无法逾越，而西面来自青藏高原的干冷空气也被挡在了山的另一侧，两股气流因山体的阻隔而无法"会师"。

山体呈南北走向，其东面的山坡处于迎风面，盆地内的大量暖湿气

69

阴阳界和地形有关

流在这里因抬升作用而凝结，因此东面一带常云雾缭绕，天气变化莫测，雨雪无常；西坡因高大山体的阻挡，暖湿气流在跨越时几乎消失殆尽，再加上西坡一带地形闭塞，气温较高，水汽蒸发旺盛，很难形云成雨，所以西坡一带的气候干燥少雨，艳阳高照。

　　仅隔一道山体，东西两侧的气候却截然不同，难怪人们将此处称为阴阳界。

天下第一大坑

　　天坑，地理学上被认为是一种岩溶地貌，通俗地说就是地上出现的大洞。你知道天下第一大坑在哪里吗？

　　它就是位于重庆市奉节县境内的小寨天坑，其坑口最大直径约 626 米，最大深度约 662 米，总容积约 1.19 亿立方米，从空中俯视，仿佛是地面上张开的大嘴。

心惊胆战下天坑

　　从奉节县城出发去小寨天坑，还有 90 多千米的山路。乘坐汽车，经过一番颠簸，便到了兴隆镇小寨村。

　　天下第一大坑位于小寨村后面的山上。沿着小路上山，透过茂密的原始森林，隐隐约约地可以看到一个大缝隙，这就是天坑所在之处。走近了，往下一看，令人不禁倒吸一口凉气。巨大的坑洞黑乎乎的，坑壁四周陡峭无比，坑底深不可测，仿佛万丈深渊一般。

　　探险爱好者去天坑考察，一般是用绳索拴着身体慢慢从坑口处往下放，那种命悬一线的方式不知会经历多少惊险。不过，在小寨天坑不会

天下第一大坑

有那么危险的经历，因为在天坑东北边的峭壁上有一条羊肠小道，沿着这条弯弯曲曲的小道可以直接下到坑底。

但是走在这条小道上，你必须小心谨慎，因为有些地方非常陡峭，尤其是有一段路程必须扶着崖壁。如果脚底不小心踢掉一块小石头，好一会儿才能听到回声，让人浑身的汗毛都会竖起来。

探秘坑底深处

费了九牛二虎之力，终于下到了坑底。坑底比坑口略小，站在坑底向上仰望，只见广阔的天空变成了一小片，人仿佛置身井底的青蛙，不禁有种坐井观天之感。

坑底的气温很低，即使是炎炎盛夏也十分凉爽。坑底大部分地方树木丛生，荆棘密布，穿行其间，会有一种在原始森林中探险的感觉。从"原始森林"中钻出来，你会看到一条干涸的河床，河床上堆满乱石，有的石头甚至重达数吨。

再看四周的峭壁上，有许多溶洞，这些溶洞四通八达，洞口黑乎乎的，看不出里面的深浅。一般情况下，人们走到这里，就不敢往前走了。

天坑形成之谜

你可能会问：地面上怎么会出现这么大的坑洞呢？

要形成天坑，天时、地利缺一不可，只有各种因素巧妙地组合起来才行。

小寨天坑的岩层是由含有碳酸盐的石头组成的，而且岩层的厚度大、质地纯。这种碳酸盐岩层高于海平面，大量雨水渗入地下形成了地下河，它日夜奔流，在水流的冲击和溶解下，碳酸盐岩层一点儿一点儿地塌陷，某些地方便被"掏"出了又深又圆的大洞厅。

岩层继续被溶解，洞厅空间不断扩大，洞顶的岩层不断崩塌，变得越来越薄，当无法支撑洞顶上方的岩石重量时，便会轰然塌陷，使整个大洞厅暴露出来，这样天坑便形成了。

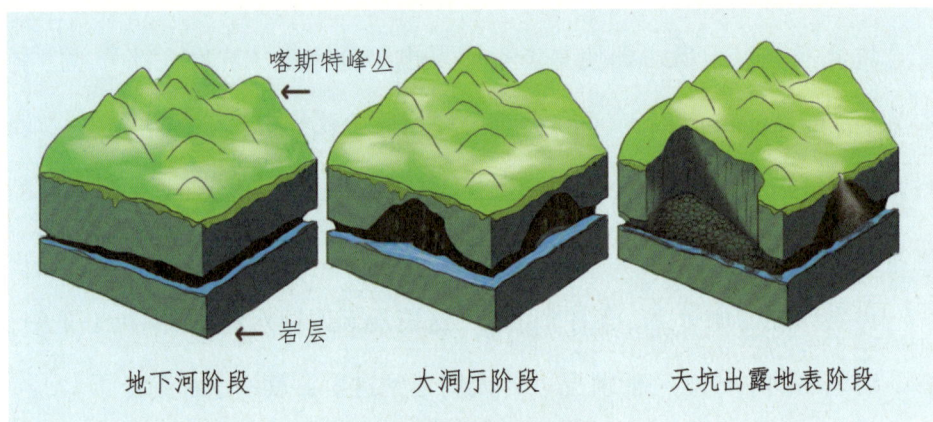

| 地下河阶段 | 大洞厅阶段 | 天坑出露地表阶段 |

天坑形成过程示意图

巨人走过的路

巨人是古代神话传说中体形庞大的人形生物，现实中并没有巨人，不过，"巨人"走过的路却是真实存在的。

在欧洲北爱尔兰的海岸边，就有一条"巨人"走过的大路，人们称它为"巨人之路"。

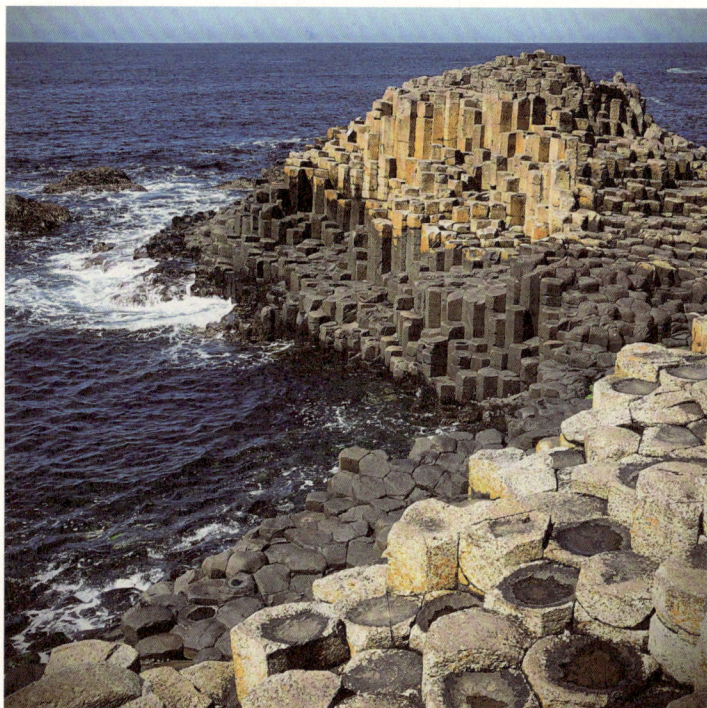

巨人之路

75

神奇的巨人之路

  巨人之路位于北爱尔兰贝尔法斯特西北约 80 千米处的大西洋海岸边。如果乘坐热气球从空中观察，蜿蜒曲折的海岸边，一段长达约 6 千米的奇岩怪石便呈现在眼前。它们沿着悬崖的山脚，一直延伸到海洋，从空中俯瞰如一道黑边镶嵌在大海和岛屿之间，令人惊叹不已。这道"黑边"就是巨人走过的路——巨人之路。

  从热气球上下来，你会发现这条路坎坷起伏，十分难走。路面由约

神奇的巨人之路

4万根高矮不一的石柱构成，有的石柱隐没于水下，有的与海面一般高，有的高出海面十几米；石柱的横截面宽度有 37 厘米至 51 厘米，大多呈六边形，也有的呈四边形、五边形、七边形和八边形；石柱与石柱之间拼合得非常紧密，许多地方连刀片都难以插进去。

高低起伏的石柱，构成了一幅幅形象生动的画面。比如，有几根石柱高高隆起，呈烟囱状直指苍穹，人们便称它们为"烟囱顶"；有一组石柱高低有序，好似一把扇子，于是得名"夫人的扇子"；还有的一堆石柱围成一个圆圈，仿佛盛酒的钵器，被称为"大酒钵"。此外，还有诸如"如愿椅""巨人井"等，它们千奇百怪的造型和磅礴的气势令人叹为观止。注视着这些石柱，往往会让人产生错觉：它们似乎会上下移动，或者觉得这根本就不是会出现在地球上的场景。

路面凹凸不平

巨人之路有一部分相对平坦，不过，路面总体凹凸不平，一个个凹坑似乎是巨人的大脚踩出来的。雨后，这些凹坑内积满雨水，在阳光的照射下，闪闪发光。

巨人之路的传说

巨人之路，当然与巨人的传说密不可分。

传说远古时代，有两个巨人，一个住在爱尔兰，一个住在苏格兰，他们谁都不服谁。为了证明自己是最强的，爱尔兰巨人决定向苏格兰巨人发起挑战。可是苏格兰巨人住在海的另一边，怎么办呢？爱尔兰巨人不辞辛苦地开凿岩柱，将它们一根根运到海中，铺成了一条通向苏格兰的堤道。大功告成后，爱尔兰巨人也累得不行了，他倒头大睡，准备养精蓄锐后再越过海峡去攻打苏格兰巨人。

可就在爱尔兰巨人呼呼大睡的时候，苏格兰巨人得到了消息，他踩着堤道偷偷来到了爱尔兰。见到熟睡中的爱尔兰巨人，他被对方巨大的身躯震惊了。

眼见情势危急，爱尔兰巨人的妻子急中生智，便谎称这个沉睡的巨人是爱尔兰巨人的孩子。苏格兰巨人听后，心想孩子的身躯都已经这么大了，那他父亲一定是个庞然大物。苏格兰巨人觉得自己打不过爱尔兰巨人，不敢发起挑战，赶紧逃跑了。他一路走，一路毁坏身后的堤道，以免被爱尔兰巨人追上。我们现在看到的巨人之路，就是当时残留的一小段堤道。

火山和气候的造化

据科学考察，构成巨人之路的约 4 万根石柱，都是一种天然的玄武岩。它们是大约 5 000 万年前火山爆发后，熔化的玄武岩火山石冷却后变硬断裂而成的，也就是说，这些石柱是火山活动的产物。

那么，巨人之路的奇观是如何形成的呢？

当时，不列颠群岛各地的火山活动十分强烈，其中一次，就发生在今天的巨人之路附近。

火山和气候造就的景观

火山活动将地面撕开了一条大裂缝，玄武岩熔岩从地底涌上来，熔岩缓慢冷却，速度均匀，且不断收缩，最终断裂成了棱柱形。玄武岩石柱形成后，地球气候变冷，随着大冰期到来，爱尔兰岛上覆盖了厚厚的冰川，它们缓慢移动并不断侵蚀着石柱，再加上大西洋海浪的冲刷，石柱逐渐被塑造成了高低参差的奇特景观，呈现出台阶式的外貌雏形。冰川消退后，海浪继续冲刷石柱，再加上海风的侵蚀，最终形成了我们今天看到的神奇石柱。

巨人之路是"柱状玄武岩石"地貌的完美标本，也是人类研究地球历史的重要资料。不过遗憾的是，由于全球变暖导致海平面上升，巨人之路正面临着被毁灭的严重威胁。如果人类不想失去巨人之路这样神奇美丽的景观，就要爱护环境，尽量减少碳排放量。

地球上的外星世界

  有一个地方荒凉萧瑟、干旱无比，崎岖不平的土地上生长着飞碟一样的怪树，有人称它是"地球上的外星世界"。

  这个地方就是阿拉伯海与亚丁湾交接处的索科特拉岛，2008 年它被联合国教科文组织列入了《世界自然遗产名录》。

地球上的外星世界

荒凉萧瑟的世界

索科特拉岛是阿拉伯海中的岛屿，它由 4 座岛屿和 2 座岩石小岛组成，虽然远离大陆，但是早在公元前 4000 年至公元前 3000 年，岛上就有人类活动了。13 世纪，希腊著名草药专家德尤斯古里德斯来到这座岛上，对这里的珍贵药材进行了研究，并出版了相关医学专著。之后，许多商人到此购买药材，他们给这座岛取名为索科特拉岛，意思是"远方的市场"。

如果你乘船来到岛上，放眼望去，就会发现索科特拉岛上地貌多样，起伏不平，既有平原和丘陵，也有山地和峡谷，不过这些地貌无一例外都显得十分萧瑟。索科特拉岛的土壤贫瘠，到处是大片的棕灰色石灰岩。据科学考察，远古时期，索科特拉岛一度被海水淹没，石灰岩与水、二氧化碳发生化学反应，变得千疮百孔，并形成了溶洞、峰丛等一系列喀斯特地貌。后来海水退去，这里又经历了风蚀、日晒等，最终变成了如今斑驳陆离的沧桑模样。

然而，不可思议的是，这个荒凉萧瑟的岛上竟然有大片美丽的海滩，沙滩上的沙子洁白细腻，再配上清澈湛蓝的海水，景象美不胜收。有时在海滩上还可以看到一个个圆堡般矗立的高大沙丘，远看像飞泻的瀑布，人们称之为瀑布山。原来，每年 7 月至 9 月岛上的海风特别大，而海水的潮位比较低，于是大风把沙子一点儿一点儿往上吹，最终堆成了一个个沙丘。

梦幻奇异的植物

行走在索科特拉岛上，一种置身外星球的感觉油然而生。这里的地面上铺满了大大小小的砾石，在苍茫天宇下一片荒凉，一些枯黄的灌木植物趴伏在地表上，偶尔有树干高耸挺拔、树冠宛如伞盖的怪树映入眼帘，形如传说中的飞碟。

这些如同飞碟般的怪树便是索科特拉岛上很独特的一种植物——龙血树，它的树皮被割破后，便会流出殷红的树脂，如同鲜血一般。龙血树是地球上生命力最顽强的树种之一，它们能在干旱无雨的恶劣环境中持续生存数千年。不过龙血树生长十分缓慢，一年内树干增粗不到1厘米，往往几百年才能长成一

龙血树

棵粗壮的树，几十年才开一次花，所以十分珍贵。

在岛上的一些地方，还能看到成片生长的龙血树，形成一个个遮天蔽日的"穹顶"。它们看起来非常奇特，从下面看就像一个个盘旋飞行的飞碟，从上方看又像是一朵朵大蘑菇。

索科特拉岛上还有一种外形很像外星生物的植物——沙漠玫瑰，它们几乎没有任何枝杈，粗壮的树干酷似大象腿，又仿佛是放在地面上的大瓶子。在那些看似笨拙的躯干顶端，居然能长出一串串漂亮的花朵，给荒凉的大地增添一抹生机。这些植物大多生长在悬崖上，从石头缝中顽强地长出来，完全不需要土壤。

此外，这里还有一种名为巨龙角的植物，它们开出的花朵硕大，鲜艳无比，而且形状像波斯地毯上的花纹，所以又被人们称为"波斯地毯"。

沙漠玫瑰

寒流造就的因果

索科特拉岛完全颠覆了人们脑海中所有对"正常"景色的印象，因为这里的景象仿佛来自另一个星球，或来自地球远古的某个时期。造就这一切的"魔法师"正是干燥恶劣的气候。

追根溯源，岛上恶劣气候的制造者是一股从较低纬度流向较高纬度的洋流——索马里洋流。一般情况下，夏季低纬度海洋生成的洋流均为暖流，但索马里洋流却恰恰相反，它在夏季是一股寒流——之所以如此，主要是因为索马里的海岸线比较独特，夏季海风不但吹不到内陆，而且风会从陆地吹向海面，这样就造成海里的下层冷水上泛，它们顺着风势北上，成为由低纬度流向高纬度的寒流。这股寒流所到之处，沿岸气温下降明显，空气湿度大大降低，一般情况下很难成云致雨，所以索马里十分干旱，大部分地区都是热带沙漠。

索科特拉岛距索马里只有200多千米，所以索马里寒流轻易就能抵达索科特拉岛。在它的控制下，夏季本该是降雨充沛的季节，但索科特拉岛上却艳阳高照，滴雨难下，气候十分干燥。不过，也正是索马里寒流造成的这种炎热干燥气候，才使得这里长出了放眼全球都数得上的奇特植物，成为人们眼中的"外星世界"。

遗世独立的动物天堂

    它远离大陆，漂浮于茫茫太平洋上，拥有独特地貌和迷人风光，被誉为世界上最孤独、最美丽的群岛；它遗世独立，生物种类丰富，珍禽异兽众多，被称为活的生物进化博物馆和野生生物的天堂。

    这个地方就是科隆群岛，也称为加拉帕戈斯群岛。

加拉帕戈斯群岛

象龟和大蜥蜴的家园

科隆群岛位于南美洲西部的太平洋上，隶属于厄瓜多尔，由 9 个较大的岛屿（面积均在 50 平方千米以上）及附属的许多小岛和岩礁组成。群岛上生活着大量特有物种，其中以象龟和大蜥蜴最为著名。

象龟是地球上现存体形最大的陆龟，它们身长多在 1 米以上，体重有两三百千克，寿命很长。在岛上行走，随处都能见到这些大家伙的身影。象龟是冷血动物，要靠吸收太阳的热量才能让身体暖和起来，所以它们每天要晒好几个小时的太阳，然后再慢悠悠地去寻找食物。

岛上晒太阳的象龟

象龟行动非常缓慢，爬累了，就在原地停下来休息，然后再接着往前爬行。由于行动缓慢，它们的能量消耗也很小。象龟的身体能够有效储藏食物和水，所以在没有任何食物和水的条件下，它们仍能生存18个月左右。

海鬣蜥是科隆群岛上特有的大蜥蜴，它们拖着长长的尾巴，样子很像史前的恐龙。海鬣蜥是世界上唯一能适应海洋生活的蜥蜴，它们的食物主要是生长在浅海岩石上的海草。海鬣蜥在陆地上看起来十分笨拙，但到了水下，却能靠那长而有力的尾巴像鱼一样自由游弋。不过，由于海鬣蜥是冷血动物，它们能潜在寒冷海水里的时间相当有限，过不了多久，就得爬到岩石滩上晒太阳，否则就会有生命危险。

海鬣蜥

珍禽异兽的故乡

　　除了象龟和大蜥蜴，科隆群岛上还生活着许多珍禽异兽，这其中的典型代表是科隆企鹅。这是唯一能够在赤道附近生活的企鹅，它们体形瘦小，走起路来摇摇摆摆，样子滑稽好笑。企鹅属于寒带动物，一般生活在冰天雪地的南极，科隆群岛之所以有企鹅，主要是在秘鲁寒流影响下，海水的温度远低于赤道其他地区，企鹅才能在这里生存下去。但即便如此，科隆群岛的气温也比南极高得多，为了适应气候环境，这些长着厚厚羽毛的企鹅也不得不改变生活方式——白天，它们在冰冷的海水中游泳，寻找食物，直到傍晚地面温度降低后，才会爬到岸上过夜。

科隆企鹅

寒暖洋流碰撞之地

你可能会问：科隆群岛为什么会有这么多奇异的动物呢？

其实，这与科隆群岛的气候有密切的关系。科隆群岛位于赤道附近，太阳照射时间很长，理论上，这里每天都应该是烈日炙烤、酷热难当的天气，可是出乎意料的是，这里气候凉爽干燥，十分宜人，这是为什么呢？

原来，科隆群岛的地理位置十分特殊，它恰好处于寒暖洋流的交汇处。岛屿的南部有一股强大的寒流——秘鲁寒流，这股寒流从南极向赤道方向流动，其影响力刚好到达科隆群岛，而岛屿的北部有同样强大的赤道暖流，两股洋流旗鼓相当，它们在科隆群岛交汇后，由于冷暖空气中和，所以岛上虽然晴天较多，但气候相对较凉爽。

地球上的精彩美景

　　地球上的美景很多，位于北美洲的黄石国家公园（简称"黄石公园"）可以说是地球上既精彩又壮观的美景之一。那么，黄石公园有哪些精彩、壮观的景色呢？让我们一起去看看吧！

黄石国家公园

91

精彩纷呈的景致

黄石公园位于美国落基山间的熔岩高原上，这座面积近 9 000 平方千米的公园山峦起伏，河流潺潺，湖泊众多，其独特的自然景观和原始风貌享誉全球，每年都有大量游客来到这里，领略黄石公园的独特风光。

黄石公园最美的地方，还是它数量众多、别具一格的喷泉景观。这里一共有 300 多个间歇泉，其数量为世界之最。当你来到公园时，循着巨大的响声，就会看到这些间歇泉喷射出冒着蒸汽的水柱，有的水柱可达几十米高。在阳光的照射下，喷泉水柱从高处跃落，如花朵般绽放，

黄石公园的喷泉

在湛蓝的晴空背景下美不胜收。

除了喷泉景观，黄石公园的温泉也特别有名。据统计，公园内共有 10 000 多处温泉和泥泉，这些温泉池一年四季冒着热气，形成独特的地热景观。这其中，一个叫作大棱镜泉的温泉池更是绚丽多姿。

大棱镜泉是一个形似棱镜的温泉池，宽 75 米至 91 米，深 49 米。大棱镜泉的泉孔每分钟便会涌出大约 2 立方米、温度为 71 ℃ 左右的地下水。更神奇的是，大棱镜泉的湖面颜色会随着季节变化而发生改变，如春季时，湖面为灿烂的橙红色；夏季时，湖面显现为橙色、红色或黄色；冬季时，湖面呈现深绿色。

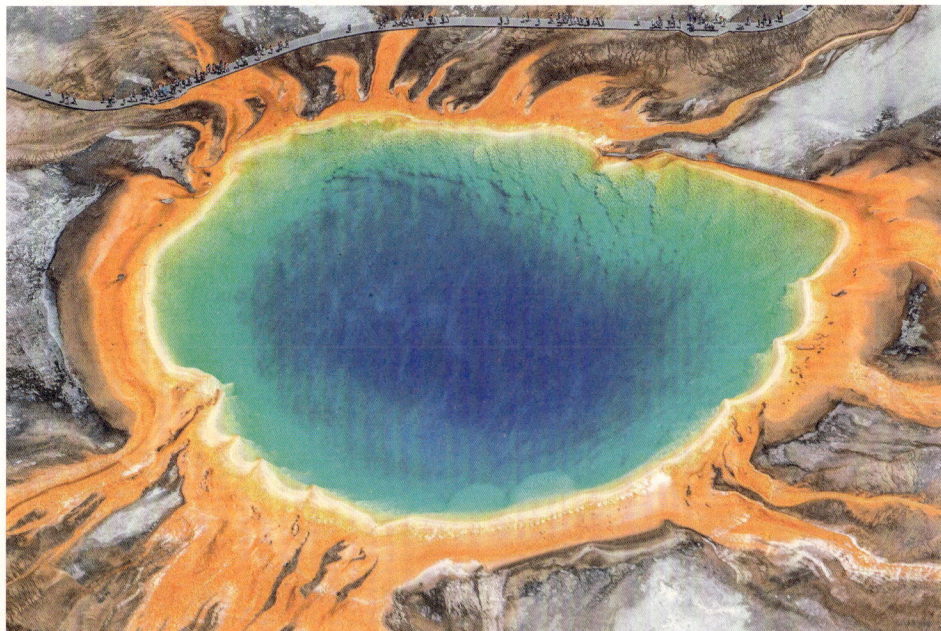

大棱镜泉

大棱镜泉为何会变色呢？原来，它的水体中富含矿物质，其中还生活着藻类和含色素的细菌等微生物，这些微生物体内的叶绿素和类胡萝卜素的比例会随着季节的变换而改变，所以水体就会呈现出不同的色彩。

地下埋着"大核弹"

无论冬天还是夏天，天晴还是下雨，黄石公园内所有的间歇泉都昼夜不停地喷发着，它们一会儿跃向天空，一会儿落回地面，从不停歇。这些间歇泉的能量来自哪里呢？

黄石公园的地下埋藏着巨大的能量来源——熔岩库。据科学家探测，这个熔岩库的直径约70千米、厚度约10千米，熔岩库距离地面最近处仅为8千米，并且还在不断地膨胀。可以说，这个熔岩库就像一个超级大核弹，它时时刻刻都在散发炽热的能量。

弄清了能量的来源，就不难解释黄石公园里间歇泉形成的原因了。原来，黄石公园的降水比较丰沛，特别是冬季降雪极多，而公园的地形基本呈凹形，这么多的雨雪降到地面，就会以地下水的形式储存起来。公园的地底下是火热的熔岩库，水渗到地下后，很快便会被炽热的岩浆烧开变成蒸汽。

由于地面上的缝隙被源源不断涌来的水堵塞住了，而地下的蒸汽越聚越多，压强也越来越大。当蒸汽蓄积的能量足够大时，就会突然爆发，让上面的泉水冲向天空，从而形成高达数十米的水柱。正是黄石公园地下深处埋藏的"大核弹"为间歇泉提供了无穷无尽的能量。

"大核弹"会爆炸吗

根据勘探研究，专家测算出了黄石公园地下"大核弹"爆炸的周期：每60万至80万年，黄石公园的超级火山群便会大爆发一次。在过去的210万年时间里，这个超级火山群大规模喷发的次数有3次，从勘探情况来看，最近一次爆发大约发生于64万年前，这说明这个超级火山群已经进入了红色预警状态。

这个"大核弹"一旦爆炸，会带来什么样的后果呢？英国科学家曾用计算机进行了模拟实验，为我们揭示了黄石公园超级火山群爆发的后果。火山群一旦大爆发，在很短的时间内，火山周围1 000千米范围内，90%的人都无法幸免于难，大部分人将会因吸入的火山灰在肺部固化而死亡；三四天内，大量火山灰就会飘过大西洋，到达欧洲大陆，一周之内，亚洲、非洲等大陆也将迎来火山灰。大量火山灰飘浮在天空中，将会使地球的年平均气温下降10 ℃，酷寒气候将至少持续6年至10年，届时，地球上所有的动植物都将会受到严重影响。

科学家会严密监视黄石公园火山群的活动情况，以便预测这个"大核弹"爆发的可能性。

来自天堂的河流

　　天堂是什么样的？相信谁都没有见过。不过，"来自天堂的河流"倒是可以见识一下。

　　你若不信，那就向南美洲的哥伦比亚进发吧。

来自天堂的河流

坐着马车去看河

"来自天堂的河流"名叫卡诺—克里斯塔勒斯河，它位于哥伦比亚梅塔省的马卡莱纳山国家公园内。这个国家公园位于安第斯山脉东部。乘汽车驶过平坦宽阔的平原大道后，地势逐渐增高，这时前面的行程变得越发艰难起来，特别是快要抵达马卡莱纳山国家公园的时候，越往前走，道路越崎岖难行。之后，汽车就不能继续往前开了，只能换乘当地人的马车赶路。

五彩缤纷的河流

当地人的马车只有两个车轮，车身大多用木头制成，看上去非常简陋，不过，坐上去的感觉却很不错。马车在山路上一摇一摆慢慢前行，放眼四周，大山巍峨，峡谷高深，白云朵朵，晴空湛蓝，令人心旷神怡。

几个小时后，便抵达了目的地。走下马车，只见前面横亘着一条小河。河水流量不大，许多地方甚至露出了干涸的河床，不过仔细看，河水的颜色定会让你大吃一惊——地球上竟然有如此五彩缤纷的河流！

彩虹般美丽的河流

是的，眼前的这条河就像彩虹般奇特瑰丽，它也被人们称为"彩虹河""五色河"。

先来看看河的颜色吧。这条河之所以被称为"五色河"，是因为河中确确实实存在着五种颜色：红色、黄色、绿色、蓝色和黑色。走近细看，你会发现红色的是一种水生植物，它们无处不在，像棉花团一样漂浮在河中，将清澈的河水晕染成大片的红色。因为水生植物的密度和长势不同，这些红色又略有不同，有的呈粉红色，有的呈浅红色，有的呈紫红色……红色是小河的主色调，它在整幅"水彩画"中起决定作用。

其他四种颜色虽然是配角，但它们绝非可有可无。黄色为河底的黄沙，它们像散落在河底的黄金沙粒，阳光透过水面照射在它们身上，看上去金光灿灿；绿色和蓝色是周围树木、天空的倒影，这里的树是那么地绿，天空是那么地蓝，这些绿和蓝使得河水的色彩一下子丰富起来，偶尔一阵风拂过，水波漾动，煞是好看；黑色是河水中岩石的颜色，它与沙粒的黄色一样，都是一种很好的背景色，在它们的装饰和衬托下，其他颜色更加清晰了。

沉浸在彩虹河如诗似画的美景中，你是不是也觉得它真的来自天堂呢？

彩虹河的传说

这条来自天堂的河流为何如此奇特瑰丽呢？

据当地传说，很久以前，这里的大地上全是岩石和沙粒，既没有河流，也没有树，焦渴干燥的土地上，只生长着一些耐旱的芨芨草和仙人掌。当地人靠放牧为生，过着艰苦的生活。为了找水和放牧，他们每天都得和牲畜一起走很远的路。这一年，因为大旱，几乎所有的水源都枯竭了，连芨芨草和仙人掌也无法生长，大量牲畜被渴死、饿死。牧民们看在眼里，急在心头，其中一个叫卡诺—克里斯塔勒斯的青年更是焦急万分。这天晚上，克里斯塔勒斯睡着后，身上不知不觉长出了双翅，他轻轻展翅飞上高空，一直朝天堂飞去。

天堂里的美景没有让克里斯塔勒斯沉醉，也没能让他留下来，他恳求上帝拯救干涸的土地和牧民。上帝被他感动了，将一条美丽的天河移到了人间。有了河水的滋润，干涸的土地上长出了绿树和青草，人们和牲畜都得救了。为了纪念他，后来人们用他的名字命名了这条河流。

彩虹河的秘密

据科学家考察分析，彩虹河之所以如此奇特，原因当属河水中生长的红色植物。这种植物名叫河苔草，是当地独有的一种黏附性很强的水生植物。如果从水中捞起河苔草仔细观察，就会发现它们的茎干依附在河底的岩石上，而茎干以上的部分则像棉花团一样漂在水中。

河苔草的生长对水位和日照的要求十分严苛。雨季时水位过高，太阳照射到水底的强度就会减少减弱；而旱季水位过低，日照强度又太强，这两种条件都不适合河苔草生长。只有在雨季和旱季的间隙，河苔草才会迎来生长期。

每年8月，当地雨季结束后，彩虹河水位下降，水流减弱，当河水流速适宜、日照恰到

红色的河苔草

好处时，河苔草便会"噌噌噌"地迅速成长，并像棉花团一般漂荡在水中。不过，此时的河苔草并未变红，它们呈蓝色、绿色。到了9月，河苔草进入到最佳生长时期，它们就会换上鲜红的"外套"——红色素，以保护自己免遭太阳辐射的侵袭。

但是，这种"红外套"只能保护它们很短的时间。随着水位的下降，彩色的河水不复存在，这场"颜色盛宴"也就悄然画上了句号。只有等到来年9月，来自天堂的河流才会重新焕发出美丽的光彩。

"火光四射" 的瀑布

瀑布怎么会着火燃烧呢?

这个"奇迹"就出现在美国的一个公园内,你会看到一条火红色的瀑布,它从150多米高的山崖上奔流而下,闪烁着耀眼夺目的光芒,犹如火龙飞舞。这条神奇的瀑布也因此被人们称为"火瀑布"。

火光四射的瀑布

102

火一般燃烧的瀑布

"火瀑布"也叫马尾瀑布,顾名思义,这条瀑布的形状如同一条马尾,它坐落在巨大的山岩上。山岩总高度超过600米,而"火瀑布"从大约150米的高度飞泻直下,气势磅礴。

气势磅礴的"火瀑布"

103

观看"火瀑布"的最佳时间是傍晚，在夕阳的余晖中来到这座山岩旁边的山崖下，隔着很远，便能听到瀑布发出的响声。但此时只闻轰鸣，不见瀑布。当你不由自主地加快脚步，走到树林尽头，迫不及待地扒开树叶时，只见一条金灿灿的瀑布挂在山腰，远远望去，犹如一道火焰在山岩间燃烧，又好像火红的熔岩在喷发流泻。在夜幕的浸染下，周围的岩石呈现出模糊的灰黑色，但"火瀑布"却是那么地明亮耀眼，让你不能不感到迷惑：这条瀑布真的会燃烧吗？

"火瀑布"的传说

关于"火瀑布"的由来，当地流传着一个动人的传说。

约塞米蒂国家公园曾经是印第安人的居住地，他们世世代代在这里打猎，过着平静而简朴的生活。有一天，大山突然震动起来，紧接着一条火龙从山顶直飞下来，滚烫的熔岩四处流淌，森林在燃烧，动物在奔逃，人们面临家园被毁、生活无着落的悲惨境遇。

为了降伏火龙，拯救族人，酋长毅然站出来，他背着巨大的弓箭，朝火龙盘踞的山顶走去……一番大战后，火龙被杀死，化成了一条瀑布，这便是"火瀑布"的来历。

那么，"火瀑布"真的是火龙的化身吗？

"火瀑布"的真实面目

如果你克服恐惧心理，走到"火瀑布"下面，一粒粒细小的水滴很快便会洒到你的头上、身上，冰凉的感觉立刻浸满全身，再看脚下，瀑布汇成的水潭清澈见底。咦，原来看似火焰一般的瀑布，流淌的却是清水，这到底是怎么回事呢？

"火瀑布"是夕照和流水的巧妙结合

原来，山崖间飞泻而下的并不是熔岩，也不是火花，而是山顶上融化的积雪。雪水从山崖上飞泻而下，与傍晚的夕阳相遇，两者巧妙结合，便形成了一条如火般燃烧的瀑布。

要形成"火瀑布"必须具备三个基本条件：第一，这条瀑布的水量要足够丰沛；第二，天气要足够好，如果天气阴沉多变，那么人们也会看不到"火瀑布"

这一景象；第三，要在特定的时间段。"火瀑布"出现的时间一般都在傍晚，此时夕阳西下，万物被拉长了影子，周围的山岩在夜色笼罩下变成了灰黑色，而整条瀑布也会被夕阳的余晖染成金黄色——远远看上去，就仿佛火山熔岩在燃烧着奔流。

此外，要看到"火瀑布"，你还必须得找准位置，因为并不是从任何角度看过去，瀑布都在"燃烧"，只有站在合适的地方，从恰当的角度看过去，才能看到流光溢彩的"燃烧"着的瀑布。

"火瀑布"这样的奇观每年只有短短数天，而且通常都发生在2月，这又是怎么回事呢？

答案很简单，因为"火瀑布"是以山上的积雪为源，而山上的积雪一般在每年的12月至次年的1月融化，到2月时，瀑布的水流量最大，再加上合适的太阳角度只出现在每年2月的晴天傍晚，因此，"火瀑布"一般都在这个时间段出现。2月一过，积雪完全融化，缺少水源补充的"火瀑布"也就不复存在了。

奇幻的水下瀑布

　　我们生活的地球上还有一种神奇的瀑布，就是水下瀑布。

　　水下瀑布一般位于海底的断崖上，大量银白色的水顺着崖边直冲而下，转瞬没入黑漆漆的深渊——可以说，它完全颠覆了瀑布的定义，充满了神秘色彩。

水下瀑布

神奇的水下瀑布

　　有一条神奇的水下瀑布位于非洲毛里求斯岛屿西南端的海中，它壮观而又梦幻。观赏它的最佳方式是乘坐直升机或热气球从空中鸟瞰。从空中看下去，大海是如此地广阔和深邃。这里的海水实在太清澈了，它们把浅海的一切完全呈现出来，岸边数百米范围内的海滩都看得一清二楚，尤其是环岛的珊瑚礁，它们似乎在随"水"起舞，姿态优美，而那一圈圈白色的浪花好似裙边，镶嵌得恰到好处，令人赞叹。

　　不过，你的赞叹还未结束，就会被另一幕景象深深吸引。当直升机抬升高度，来到水下瀑布的正前方时，你的眼前会骤然出现一幅不可思议的画面：海平面下，出现了一大片陡峭直立的悬崖，崖壁上半部与海岛相连，下半

神奇的水下瀑布

部直插海底；悬崖前沿向内凹进，两边危岩兀立，险不可当；悬崖上，铺天盖地的银白色水流汇聚一处，争先恐后地从断崖间直冲而下，形成一条宽大的瀑布，看上去场面恢宏，气势磅礴。

直升机降低高度，徐徐下降到瀑布的上空时，看到的景象更加壮观。由于距离较近，加上光线的改变，这里的悬崖显得深不可测，仿佛无底深渊。只见水流以雷霆万钧之势直坠崖底，转瞬间便被深渊吞没，而后面的水流并未停息，它们前赴后继，无穷无尽，你看不了多久，便会感到头晕目眩。

虽然瀑布十分壮观，然而自始至终，你都听不到它轰响的声音，这不禁让人有一种不真实的感觉。你会怀疑眼前看到的一切会不会是梦境？

这条瀑布到底是怎么回事呢？它是怎么形成的呢？

光线玩的游戏

想要揭开水下瀑布的庐山真面目，最好亲自划船去实地考察一番。

荡舟珊瑚礁附近，仿佛行进在一片怪异的原始森林上面，阳光透过海水，照射在那些褐色、蓝色、黄色、黑色的礁石上，光线像顽皮的孩子在跳跃，到处波光粼粼，煞是好看。每一个初次到这里划船的游客，心里都会有些紧张，尤其是越往"瀑布"方向靠近，这种紧张感就会越强烈。你会担心船被瀑布打翻，会被水流冲进深不见底的海底……

渐渐地，船来到了"瀑布"附近，然而奇怪的是，这里的海面十分平静，并没有空中看到的那种惊心动魄的场景。海水并不深，只有10米至20米，透过海水，可以看见海底的白色细沙和淤泥。不过，再仔细观看，你会看到这些细沙和淤泥在移动，它们像被无形的巨手推动着，快速而坚定地向大海涌去，最终消失在了深黑的海底。

看到这里，你可能已经恍然大悟了。原来从空中看到的银白色水流，就是这些细沙和淤泥，而所谓的"瀑布"，其实是它们从海底高处落到低处时形成的巨大沙流，只不过，这里的海水太清澈了，在光线的折射和反射作用下，我们的

水下瀑布是光线玩的游戏

眼睛被蒙骗了，忽视了海水的存在，把沙流理所当然地看成了水流。

可以说，水下瀑布就是光线跟我们玩的一个游戏而已。

解析水下瀑布的成因

虽然水下瀑布并不是真正的瀑布，然而，这里的海底构造仍令人惊叹，尤其是细沙和淤泥的移动，让人感到似乎有股神秘的力量在驱使着它们。这是怎么回事呢？

原来，毛里求斯岛是火山喷发形成的海岛。几百万年前，海底火山持续喷发，熔岩不停向上"生长"，露出海面的一小部分，成为今天的毛里求斯岛，而大部分隐藏在海水下面的熔岩，则成了岛屿周围的大陆架。

由于熔岩"生长"几乎是垂直向上的，所以大陆架的落差很大，导致岛屿周围的海水深度从几米一下子跃升到近千米，再加上当初熔岩堆积时发生了部分坍塌，在海岸附近形成了一处内凹的残缺，这就是今天我们看到的海底悬崖。

细沙和淤泥之所以能移动，完全是洋流的功劳。海水之所以能流动，主要动力是风，当风在波浪迎风面上施加压力时，就会迫使海水向前移动。毛里求斯岛属于亚热带海洋性气候，这里全年气候温热，风常从海上吹向陆地，并且风力通常较大，当这股稳定持久的风吹动波浪时，海水便流动起来了。

由于这一带的海底地形构造特殊，海水流经这里时形成了巨大漩涡，将别处的细沙和淤泥源源不断地输送到山崖上，然后再从崖上猝然跃落，从而形成了水下瀑布的奇观。

长满斑点的湖泊

在北美洲有一个神秘的湖泊，一年四季湖水的颜色会不断变化，无论什么时候都能看到漂亮的色斑，尤其是每年的6月至9月中旬，这个湖泊还会呈现出众多诡异的圆圈，仿佛湖面长了很多斑点，它也因此得名为斑点湖。

斑点湖

113

不可思议的斑点湖

斑点湖位于加拿大西部的不列颠哥伦比亚省的奥索尤斯，夏天来到这里，如果乘坐直升机或热气球从空中鸟瞰，你将会看到不可思议的奇特景象：景色秀美的大地上有一个湖泊，与其他湖泊不同的是，这个湖里有许多大小不一的圆圈。

久负盛名的斑点湖，在四周青山的环抱之中，它像一个婴儿安静地躺卧着。走近斑点湖，你还会发现它与众不同的地方：湖水深浅不一，泛着白沫，显得十分混浊，白色的塘泥把整个湖泊划分成一个个圆圆的浅池。远远看去，这些浅池就像一个个漂浮在湖面上的岛屿。面积最大的"小岛"有篮球场般大小，最小的只有几平方米。尤其令人惊奇的是，各个浅池中水的颜色不尽相同，有的呈灰白色，有的呈深绿色，有的呈浅黄色，有的呈湛蓝色，有的青黄相间……

为什么每个浅池中水的颜色各不相同呢？

这个湖泊中的水之所以呈现出漂亮的颜色，是因为其中溶解了不同种类和含量的矿物质。当矿物质不均匀地溶解在一个个浅池中，就呈现出了不同的颜色。

一般情况下，只有每年6月至9月中旬才能看到湖中的这些圆圈，其他时间则只能看到一个没有"斑点"的碧波荡漾的大湖。

神奇湖水能治病

斑点湖虽然美不胜收，但湖水的水质却不敢恭维，因为看起来湖面上好像漂着一层白花花的"脏"东西，让人有些倒胃口。

其实，这些白花花的"脏"东西就是矿物质，它们不但不脏，还有治疗疾病、减轻疼痛的作用。当地部落里的人们就经常利用这个湖里的水和泥浆治疗疾病，据说有独特的疗效。

斑点湖里的矿物质不但能疗伤，而且还能制造炸药。据说，人们曾经利用从湖里开采的矿物质，制造出了威力巨大的炸药。

斑点湖是如何形成的

斑点湖里那些神奇的"斑点"是如何形成的？为什么每年只有6月至9月中旬才能看到它们呢？

原来，"斑点"的形成与奥索尤斯地区独特的气候条件密不可分。这里是加拿大最热的地区之一，夏天的气温可以达到38 ℃，而且天空中的云量很少，每天的日照时间很长。夏天在炎炎烈日的炙烤下，斑点湖表面的水分蒸发得很快。在湖水大量蒸发的同时，这里的降雨却很少，有时一个月都很难下一场大雨，因此，湖里的水量经常不能得到及时补充。

阳光和风使湖水蒸发

除了灼热的阳光外，还有一个厉害的角色也在加速湖水的蒸发，这就是夜晚的风。

在白天阳光的照射下，斑点湖所在地区的气温较高，但一到夜间，气温便迅速下降，再加上湖泊四周群山环抱，山上的空气冷却后，便向山下流动而形成风。风对湖水蒸发的作用很大。

因此，斑点湖白天被太阳烘烤，晚上受夜风吹拂，湖水便会迅速减少，从而使得水里富含的矿物质结晶，形成了许多镶着白色边界线的浅池，也就是我们看到的一个个圆圈。

"天空之镜"照天地

  镜子对每个人来说都不陌生，不过，世界上最大的镜子在哪里，这个问题恐怕没几个人能答上来。

  其实，有一面巨大的"镜子"就在南美洲，它的面积达9 065平方千米，被称为"天空之镜"。看到它，你一定会被大自然的神奇力量征服。

天空之镜

无边无际的"大镜子"

　　这面神奇的"大镜子"位于南美洲玻利维亚的西部高原上。这是一片宽广无垠的高原，"天空之镜"就铺展在这片辽阔的高原上。从空中鸟瞰，这块"镜子"无边无际，似乎无法看到它的尽头。

奇异的"天空之镜"

　　欣赏"天空之镜"的最佳时间是当地的雨季，雨水从天空倾泻而下形成一个浅湖，这时候的景色才是最佳的。

　　当然，雨后的"天空之镜"更美。一阵骤雨过后，天空重又放晴，

"天空之镜"照天地

火辣辣的阳光照耀着大地，走进"天空之镜"，你一定会被眼前的景象深深吸引。地上覆盖着一层浅水，"镜面"显得平整光洁；蓝天白云倒映在"镜面"上，云与云相连，天与地相接，分不清哪儿是天，哪儿是地……

站在"镜面"上，天空就在你的脚下，看上去深若万丈，每走一步都心惊胆战。黄昏和早晨，"天空之镜"又是另一番美丽的景象。红艳艳的晚霞或朝霞映红了天空，它们倒映在"镜面"上，使得天地间一片红彤彤，置身其间，仿佛进入了一个魔幻世界。

"天空之镜"的成因

"天空之镜"真的是一面大镜子吗？

当然不是啦，这片光洁的"镜面"其实是盐沼。盐沼是地表过湿或季节性积水、土壤盐渍化并长有盐生植物的地段。也就是说，"天空之镜"其实是一块巨大的盐沼地，而盐沼上若有浅浅的积水，会变得像镜子一样光亮，可以反射天空的景色，因此被人们称为"天空之镜"。事实上，它真正的名字叫乌尤尼盐沼。

那么，乌尤尼盐沼是如何形成的呢？

据科学考察分析，乌尤尼盐沼其实是安第斯山脉隆起过程中形成的。远古时代，乌尤尼盐沼所在的区域原本是一片汪洋大海，安第斯山脉经历了剧烈的地质活动从海底隆起后，就形成了许多装满海水的湖泊，其中就包括一个叫明钦湖的史前巨湖。由于气候干燥，蒸发量很大，历经数万年的演变，明钦湖的湖水逐渐干涸，形成了两个湖泊和两个盐沼地，其中一个月牙儿形状的盐沼地，就是乌尤尼盐沼。

"天空之镜"其实是盐沼

地球的"蓝眼睛"

地球上长有"蓝眼睛",你相信吗?

如果不信,那就乘坐飞机,沿着海岸线飞上一遭。在一些近海岸线的洋面上,你会发现一些被称为"蓝洞"的深蓝色圆形水域,它们充满了神秘诡异的气息,看上去特别像圆溜溜的大眼睛。当然,还有一些"蓝眼睛"则隐藏在海洋和陆地交界的深处,需要人们进一步探索才能发现。

大海中的"蓝眼睛"

海洋中美丽的"蓝眼睛"

全世界的海洋中分布着许多大小不同、形态各异的蓝洞，其中最著名的蓝洞，位于中美洲伯利兹东面的海面上。

从空中观察，你会看到在蔚蓝色的海面上，散落着一些珊瑚礁，礁石周围的海水较浅，因此那里的海水呈灰白色或灰蓝色。在靠近海岸的地方，有两条由珊瑚礁围起来的奇怪水域，水域呈标准的圆形，它的直径约305米，像一只睁得溜圆的巨大瞳孔。里面的海水蓝得发黑，与四周蔚蓝色、灰白色的海水泾渭分明。

这只"蓝眼睛"并不是完全封闭的，它有两个缺口与外面的海域相连，有时你会看到游艇正从里面驶出来，激起一长串白色的浪花，看上去仿佛"蓝眼睛"正在滴落的眼泪。

蓝洞是如何形成的呢？

蓝洞的成因可以追溯到亿万年前，蓝洞所在的巴哈马群岛上形成了石灰质平台，当时这一平台完全被海水淹没。经过漫长的岁月，地球迎来了冰河时代。极端寒冷的气候，将地球上的水大量冻结起来，导致海平面大幅下降，石灰质平台也因此露出水面。

在天上降雨和地面海水的轮番侵蚀下，石灰质平台上形成了许多岩溶空洞，而蓝洞所在的位置便是一个巨大的岩洞，因为重力和地震等因素，岩洞多孔疏松的石灰质穹顶坍塌，而且很巧合地坍塌出一个近乎完美的圆形开口，成为敞开的竖井。再后来，冰雪消融，海平面升高，海水倒灌入竖井，便形成了海中嵌湖的奇特蓝洞。

神秘莫测的蓝洞

还有些蓝洞是隐藏在海面下的，美国塞班岛就有一个这样的"地下眼睛"，你如果潜入水底，就能看到一个圆圆的"眼睛"。这是一个由珊瑚礁形成的石灰岩圆洞，由于洞底有水道与太平洋相连，因此海水从水道中涌进来后，将深洞灌满，加上光线从外海透过水道照进洞里，洞中的水便透出淡蓝色的光泽，看上去美轮美奂。

躲起来的陆地蓝洞

除了海中有"眼睛"，陆地上也有"眼睛"，陆地上的"眼睛"被称为陆地蓝洞。

陆地蓝洞大多躲得很深，不容易被发现，你只有身临其境，才能看到它们的庐山真面目，如意大利卡普里岛的蓝洞就是其中一个代表。

这个蓝洞的洞口在悬崖下面，要同时具备三个条件才能一睹它的"芳容"：一要天气晴朗；二要在退潮的时候；三要没有风浪。蓝洞的洞口很小，但一进洞，便会被眼前的情景震撼。一大片阳光从特殊结构的洞口射进洞内，同时又从水底反射上来，使得洞内的海水呈现一片晶莹的蓝色，甚至连洞中的岩石也映衬上了一抹蓝，如此奇景让人难以忘怀。

陆地蓝洞